Agnes Pahler

Das Kompostbuch

Gedruckt auf
100% Recyclingpapier

Agnes Pahler

Das Kompostbuch

Gartenpraxis für Selbstversorger und Hobbygärtner

illustriert von Margret Schneevoigt

pala verlag

Inhalt

Kompostieren im Garten

Im Garten wie in der Küche fallen täglich Materialien an, die überflüssig oder gerade nicht zu gebrauchen sind: Staudenschnittgut, welke Blüten, abgefallenes Laub, Schalen von Kartoffeln, Apfelbutzen. Immer handelt es sich um hochkomplexe Substanzen, die auf der Grundlage der Fotosynthese entstanden sind. Es widerstrebt, all diese Stoffe in den Müll zu werfen. Stattdessen lässt sich über den Weg der Kompostierung wertvoller Humus gewinnen, der den Bodenlebewesen und damit dem Boden und den darin wurzelnden Pflanzen zu Gute kommt.

Die Bedeutung von organischer Substanz für den Erhalt der Bodenfruchtbarkeit haben viele alte Hochkulturen erkannt. Bereits im alten Ägypten wurde Mist auf die Felder gebracht und in China erhielt sich die gute Ertragsleistung der Anbauflächen jahrtausendelang nur dank ausgefeiltem Fruchtwechsel und Kompostwirtschaft. Andererseits führt man den vermeintlich plötzlichen Untergang von Städten der Frühgeschichte in Indien und Mittelamerika auch darauf zurück, dass die Anbauflächen ausgelaugt waren und die Bevölkerung nicht mehr ernähren konnten.

Für uns ist es dagegen vielfach üblich, die Pflanzen im Haus oder Garten mit zugekauftem Dünger zu versorgen. Unzählige Fertigprodukte stehen zur Verfügung, egal, ob man synthetische Düngemittel einsetzt oder organische Produkte bevorzugt. In früheren Zeiten waren Bauern und Gärtner auf die Erzeugnisse ihres eigenen Landes angewiesen. Mist wurde ebenso wie der Inhalt der Latrinen auf die bewirtschafteten Flächen ausgebracht. Schon früh hatten die Menschen erkannt, dass die Ausscheidungen von Mensch und Tier das Wachstum der Kulturpflanzen fördern.

Mist von Nutztieren steht heute den wenigsten Gartenbesitzern zur Verfügung. Fäkalien werden in der Toilette weggespült und wir würden sie auch nicht mehr im Garten einsetzen wollen. Allerdings fallen im Garten und beim Zubereiten von Mahlzeiten in der Küche genug

Das Wort »Kompost«

Das Wort »Kompost« taucht erst Anfang des 19. Jahrhunderts im deutschen Sprachgebrauch auf. Es bezeichnete Dünger, der aus pflanzlichen oder tierischen Abfallstoffen hergestellt wurde. Es wurde dem gleichbedeutenden französischen Wort *compost* entlehnt, das auf das mittellateinische *compostum* zurückgeht. Dieses bezeichnete eine aus unterschiedlichen Abfällen zusammengesetzte Miete, aus der man Dünger herstellte. Das Wort geht zurück auf das lateinische *compositum* für »Zusammengesetztes« oder »Gemischtes« und leitet sich ab vom Verb *componere* für »zusammenstellen«. Das Wort »Kompost« hat damit dieselbe Wortwurzel wie die Wörter »Kompott« oder »Komponieren«, und genau darum geht es: Aus einer Mischung geht etwas Hochwertiges hervor.

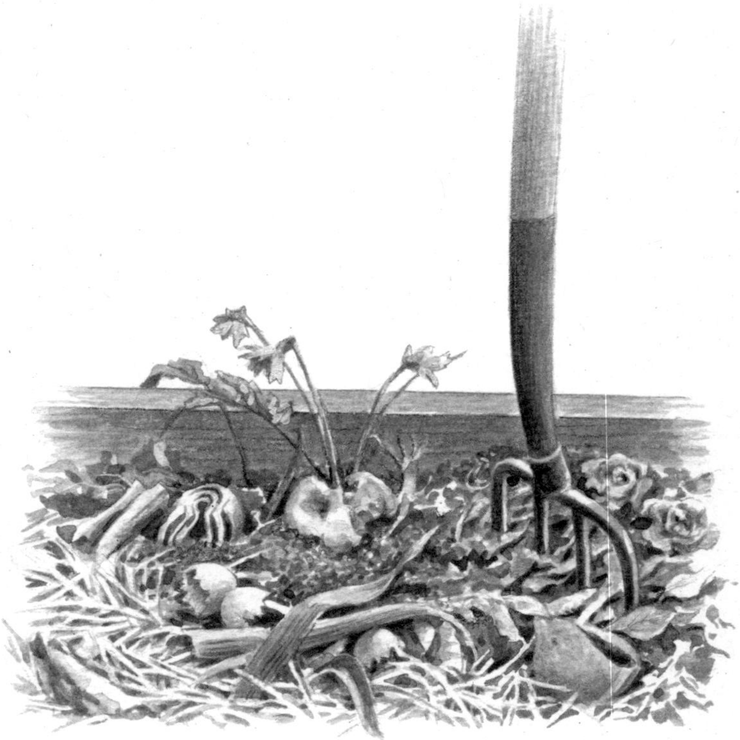

Im Kompost verwandeln sich organische Abfälle aller Art in wertvollen Humus.

organische Abfälle an, die man nicht guten Gewissens in die Mülltonne werfen kann. Diese energiereichen und hochwertigen Stoffe lassen sich sinnvoll weiterverwerten. Bei der Herstellung von Kompost entsteht aus organischen Abfällen ein neues hochwertiges Produkt. Kompost verbessert die Böden dauerhaft, ernährt Pflanzen, deckt offene Flächen ab, schützt empfindliche Gewächse im Winter. Und wer keinen eigenen Garten hat, kann aus Kompost Pflanzerde herstellen, in der man in der Wohnung oder auf dem Balkon Pflanzen mit bunten Blüten oder schmackhaften Früchten heranziehen kann.

Natürliches Vorbild

Kompostieren ahmt verdichtet und im Zeitraffer natürliche Vorgänge nach. Schließlich geht in der Natur nichts verloren. Herabgefallenes Laub, abgestorbene Kräuter und Gehölze verrotten, werden zersetzt und gelangen wieder zurück in den natürlichen Kreislauf. Den gleichen Vorgang ahmt das Kompostieren nach: Organische Abfälle werden abgebaut und zu neuen Verbindungen zusammengesetzt. Das geschieht auf einem einfachen Komposthaufen genauso wie in einer Kompostmiete, einem Kompostgestell oder einem geschlossenen Kompostbehälter.

Mit relativ geringem Aufwand lässt sich ohne technische Hilfsmittel im Garten hochwertiger Kompost bereiten. Doch darf ein Kompost nicht einfach als Deponie für Abfälle verstanden werden. Achtloses Aufeinanderwerfen führt zu Fäulnis und Gestank, lästige Insekten entwickeln sich, es entstehen schädliche Abbauprodukte und die Humusqualität ist miserabel. Sachgerechtes Kompostieren sieht anders aus und darum geht es in diesem Buch. Der Komposthaufen bildet den Lebensraum für unzählige Mikroorganismen und Kleintiere. Nur wenn sie gute Entwicklungsbedingungen vorfinden, entsteht hochwertiger Kompost. Immer kommt es auf eine gute Mischung an. Je besser die unterschiedlichen Kompostmaterialien vermischt sind, desto zuverlässiger verrotten sie: Nasses wird also mit Trockenem, Grobes mit Feinem vermengt. Daraus erschließt sich, dass Kompostieren mehr bedeutet als organisches Material auf einen Haufen zu werfen.

Vorteile von regelmäßigen Kompostgaben

Werden einige Grundregeln beachtet, entsteht nach einigen Monaten ein wertvolles Bodenverbesserungsmittel, das auf vielschichtige Weise das Wachstum der Pflanzen positiv beeinflusst und höhere Erträge im Nutzgarten ermöglicht. Regelmäßige Kompostgaben führen dem Boden organische Substanz zu. Das Ergebnis sind nicht unbedingt deutliche Mehrerträge, sondern ist der nachhaltige Erhalt einer Bodenfruchtbarkeit auf hohem Niveau. Die folgende kurze Übersicht nennt die Vorteile regelmäßiger Kompostgaben. Ausführlichere Informationen finden Sie im weiteren Verlauf des Buches.

Nutzen von Kompost im Garten

Kompost spielt im Garten eine wichtige Rolle, um die Bodenfruchtbarkeit zu erhalten. Einsetzen kann man ihn zum Beispiel für die Neuanlage von Rasen und Pflanzflächen, für die Nährstoffversorgung im Nutzgarten, für die Bodenpflege. Kompost zeigt viele günstige Wirkungen:

- Zufuhr wichtiger Mineralstoffe (Makronährstoffe und Mikronährstoffe) für eine ausgewogene Pflanzenernährung
- Aufbau von Dauerhumus im Boden
- Verbesserung und Erhaltung der Bodenstruktur
- Regulierung des Wasserhaushalts im Boden
- Schutz vor Erosion durch Wind und Wasser
- Aktivierung der biologischen Bodenaktivität
- Verbesserung des mikrobiologischen Gleichgewichts im Boden
- Möglicher Torfersatz (nicht in Moorbeetkulturen)
- Schutz vor Pflanzenkrankheiten

Bodenleben wird gefördert

Zunächst führt Kompost dem Boden nützliche Bodenorganismen zu, der Boden wird belebt. Außerdem erhalten vorhandene Bodenorganismen Nahrung durch die organische Substanz. Dies führt zu einer hohen Bodenaktivität. Dieser Begriff umfasst die gesamte Lebensaktivität von Organismen im Boden, die mit ihrer Atmung und ihrem Stoffwechsel all die Zersetzungs- und Umlagerungsprozesse bewirken.

Eine hohe Bodenaktivität beruht auf einer stabilen Lebensgemeinschaft von Bodenorganismen: Sie bedingt funktionierende Stoffkreisläufe mit einem guten Recycling der Nährelemente, eine hohe Bodenfruchtbarkeit, aber auch Toleranz gegenüber schädlichen Umwelteinflüssen.

Bessere Bodenstruktur

Die groben Bestandteile des Kompostes lockern den Boden allein schon aufgrund ihrer Struktur auf. Dieser Dauerhumus fördert die Bildung eines stabilen Bodengefüges. Mikroorganismen verkitten Bodenpartikel miteinander, es entsteht krümelige Erde, man spricht von »garem« Boden. Dies verringert die Gefahr der Verschlämmung und Bodenabtragung, also Erosion.

Obendrein lockert Kompost den Boden. Er wird leichter durchwurzelt, wird wasserdurchlässiger und ist gut durchlüftet. Die Erhöhung des Porenvolumens mit einer Vielzahl an Fein-, Mittel- und Grobporen führt vor allem in schweren, lehmigen, tonreichen Böden zu einer Verbesserung des Wasser- und Lufthaushaltes. Schwerer Boden lässt sich mit konsequenter Kompostwirtschaft mit der Zeit immer leichter bearbeiten.

Versorgung mit Nährstoffen

Kompost führt dem Boden Nährstoffe zu: Bodenlebewesen wandeln die in der organischen Substanz festgelegten Nährstoffe in eine pflanzenverfügbare Form um. Man spricht von Mineralisierung.

Die organische Substanz hält mineralische Nährstoffe fest (Adsorption) und bewahrt sie dadurch weitgehend vor Auswaschung. Die Nährstoffe werden langsam und pflanzenverträglich abgegeben. Durch Säuren, die beim Humusabbau entstehen, und Ausscheidungen der Bodenlebewesen werden schwer verfügbare Spurennährstoffe pflanzenverfügbar gemacht.

Vor allem auf sandigen Böden wirkt sich der günstige Einfluss von Kompost auf die Nährstoffverfügbarkeit vorteilhaft aus.

Kalkzufuhr

Kompost besitzt in der Regel einen hohen pH-Wert, er ist also alkalisch oder basisch. Er neutralisiert daher Säuren und wirkt einer Versauerung des Bodens entgegen. Kompost kann aufgrund dieser Eigenschaft auch Kalkverlusten durch sauren Regen entgegenwirken.

Speicherung von Wasser

Die organische Substanz des Kompostes kann das Dreifache bis Fünffache ihres Eigengewichts an Wasser halten und steigert damit das Wasserhaltevermögen des Bodens.

Boden erwärmt sich

Durch die dunkle Farbe der Humusstoffe erwärmt sich der Boden im Frühjahr schneller.

Schutz vor Krankheiten

Kompost bewirkt eine erhöhte Widerstandsfähigkeit der Pflanzen gegenüber Schädlingen und Krankheiten. Im Kompost enthaltene Enzyme, Wachstumsregulatoren (Hormone) und weitere Verbindungen tragen zur Gesundheit des Bodens und der Pflanzen bei.

Schutz vor Schadstoffen

Bestimmte organische Abbauprodukte im Kompost binden Schwermetalle, sodass diese von den Pflanzen nicht mehr aufgenommen werden können.

Daraus leitet sich ab, dass sich Kompostgaben ausgleichend auf ungünstige Bodenqualitäten auswirken: Schwere Böden werden lockerer, auf sandigen Böden verbessern sich der Nährstoffgehalt und die Verfügbarkeit von Wasser.

Kompostpioniere

Kompostieren erscheint heutigen Hobbygärtnern vielfach als selbstverständlich. Allerdings war es Mitte des 20. Jahrhunderts hierzulande noch üblich, Gartenabfälle zu verbrennen oder einfach auf einen Haufen zu werfen. Für das Kompostieren setzten sich verschiedene Fachleute ein, unter anderem der »Kompost-Apostel« Alwin Seifert (1890 bis 1972). Der Landschaftsarchitekt war während des Drittes Reiches mit der Planung und Anlage von Autobahnen betraut. Er ließ zum Beispiel den Erdaushub entlang der Autobahnbaustellen kompostieren. Nach dem Krieg machte er die Bedeutung von organischer Substanz für die Bodenfruchtbarkeit bekannt und propagierte einen Obst- und Gemüseanbau ohne Gift, nur mit Kompost. In seinem Garten in Dießen am Ammersee erprobte er die Kompostierung in Mieten und verwendete Frischkompost als Mulch. Mit dem Kompostieren befasste sich auch der Landwirt Ewald Könemann (1899 bis 1976), der Begründer des »Natürlichen Landbausystems«.

Gesetze und Verordnungen

Abfallverwertung

Die Verwertung organischer Abfälle ist gesetzlich geregelt, in Deutschland auf Bundesebene im Kreislaufwirtschaftsgesetz (KrWG, genauer: Gesetz zur Förderung der Kreislaufwirtschaft und Sicherung der umweltverträglichen Beseitigung von Abfällen). Demnach sind Abfallbesitzer und öffentlich-rechtliche Entsorgungsträger zur Abfallverwertung verpflichtet. Die Landesabfallgesetze konkretisieren diese Pflicht.

Für die Praxis entscheidend ist, dass das Sammeln zum Teil auf »Bringsystemen« beruht, das heißt, man kann organischen Abfall zu Sammelstellen bringen, von wo er der Wiederverwertung zugeführt wird. Daneben gibt es in Deutschland das System der Biotonne. Die Biotonne ist eine Abfalltonne, die Haushalten zum Sammeln ihrer organischen Abfälle zur Verfügung gestellt wird und die auf kommunalem Wege ähnlich wie die Restmülltonne geleert wird. Die zuständigen Entsorgungsunternehmen geben Auskunft, welche Bioabfälle in die Biotonne gefüllt werden dürfen.

Was ist Abfall?

Alles, was nicht mehr gebraucht wird, ist Abfall, dazu gehört Bauschutt genauso wie Schlacke aus der Industrie. Hausmüll (in der Schweiz Kehricht), der in Privathaushalten anfällt, umfasst zum Beispiel Altglas, Altpapier, Sperrmüll oder Textilien. Was nicht mehr verwertet werden kann, ist Restmüll.

Bioabfall ist der organische Abfall tierischer oder pflanzlicher Herkunft, der in einem Haushalt oder Betrieb anfällt und durch Mikroorganismen, Lebewesen im Boden oder Enzyme abgebaut werden kann. Dazu zählen zum Beispiel Essensreste und Rasenschnitt.

Die in Deutschland bundesweit gültige Bioabfallverordnung (BioAbfV) befasst sich mit der Verwertung von Bioabfällen auf landwirtschaftlich, forstwirtschaftlich und gärtnerisch genutzten Böden.

Seit Anfang 2015 ist die Biotonne deutschlandweit verpflichtend eingeführt. Das heißt, alle öffentlich-rechtlichen Versorgungsträger müssen sie anbieten. Dieses Ziel haben bislang noch nicht alle Landkreise und Städte erreicht. In Körperschaften mit eingeführter Biotonne sind durchschnittlich rund 60 Prozent der Haushalte an das System angeschlossen. Viele Gemeinden empfehlen ihren Bürgern an erster Stelle die Eigenkompostierung im Garten oder Hinterhof als ökologisch sinnvollste und wirtschaftlichste Art der Bioabfallverwertung.

Manche Gemeinden verbieten es inzwischen, organischen Abfall in den Restmüll zu werfen. Organischer Abfall soll ausschließlich über die Biotonne oder Eigenkompostierung entsorgt werden oder zur Grünabfallsammelstelle gebracht werden.

Im Jahre 2014 fielen deutschlandweit rund 9,8 Mio. t organische Abfälle an. Das entspricht etwa 121 kg pro Person. Davon stammten durchschnittlich etwa 57 kg aus der Biotonne, rund 64 kg waren Gartenabfälle und Parkabfälle. Durchschnittlich gut 80 Prozent davon werden derzeit kompostiert. In dicht bebauten, städtischen Regionen ist die Sammelmenge pro Person aus der Biotonne geringer als in weniger dicht bebauten Gegenden. Hier machen sich die dort kleineren Grundstücksgrößen bemerkbar.

In der Schweiz ist es derzeit noch möglich, alle Abfälle, die im Haushalt anfallen (den Kehricht), über die lokalen Sammelstellen abtransportieren zu lassen. Viele Schweizer Gemeinden bieten inzwischen innovative Abfallkonzepte, die Haushalte brauchen ihren Biomüll nur separat zu sammeln und in die kostenlose Sammlung von Grünabfall zu geben.

Auch in Österreich gibt es Bestrebungen, organische Abfälle getrennt zu sammeln und dann zu verwerten. Je nach Bundesland liegt der Schwerpunkt auf einer Sammlung über die Biotonne oder es wird besonders die Kompostierung im Einzelhaushalt oder eine gemeinschaftliche Kompostierung gefördert.

Die verschiedenen Sammelbehälter für Hausmüll lassen sich hinter einem begrünten Sichtschutz verbergen. Das Rankgitter wirkt zudem dekorativ.

Nachbarrecht

Das Nachbarrecht variiert in Deutschland von Bundesland zu Bundesland. In der Regel schreibt es bei der Anlage eines Komposthaufens sowie bei der Aufstellung von offenen oder geschlossenen Kompostbehältern einen Mindestgrenzabstand von 50 cm vor. Wird zur Abschirmung um den Kompostplatz eine Hecke gepflanzt, so muss diese ebenfalls bis zu einer gewissen Höhe (je nach Bundesland 1,5 bis 2 m) einen Mindestabstand von 50 cm zur Grenze haben. Bei höheren Hecken ist ein entsprechend größerer Mindestgrenzabstand erforderlich. Für den Abstand zu Gewässern, zum Beispiel zum Gartenteich, gibt es keine Vorschriften. Auskünfte über die jeweils geltenden gesetzlichen Regelungen erteilen Landratsämter und die kommunalen Verwaltungen. Gesetzlich vorgeschrieben ist außerdem, dass es bei der Kompostierung zu keinen Geruchsbelästigungen kommen darf. Wer die Grundregeln der Kompostbereitung beachtet, muss sich in dieser Hinsicht keine Sorgen machen.

In der Schweiz und in Österreich ist für Kompost im Garten kein Grenzabstand vorgeschrieben, allerdings muss der Gartenbesitzer dafür Sorge tragen, dass keinerlei Belästigung davon ausgeht. Es dürfen sich also weder unangenehme Gerüche noch Fliegenschwärme darin entwickeln.

Der Boden

In der Natur halten sich Eintrag und Verbrauch organischer Stoffe die Waage. Schön können wir dies bei Spaziergängen durch Laubwälder und Laubmischwälder beobachten. Im Herbst bildet herabfallendes Laub eine dicke Decke, es verrottet im Folgejahr, die frei werdenden Nährstoffe stehen der wachsenden Vegetation wieder zur Verfügung. Wenn im Herbst erneut Blattmasse auf den Boden fällt, hat sich die Schicht vom Vorjahr gleichmäßig abgebaut. Das Wachstum entzieht so viele Nährstoffe wie angeliefert werden.

Ein Musterbeispiel für einen natürlichen Kreislauf stellt auch der tropische Regenwald dar. Diese Vegetationsform wächst auf stark verwitterten, äußerst nährstoffarmen Böden. Das üppige Wachstum mit ungeheurer Artenfülle und riesigen Bäumen kann nur aus sich heraus bestehen: Neuer Wuchs entwickelt sich nur auf der Grundlage der abgestorbenen organischen Masse, die zu Boden fällt. In dem feuchtwarmen Klima verlaufen Zersetzungsprozesse vergleichsweise schnell: Ein dicker Baumstamm zerbröselt innerhalb von Monaten. Der europäische Wanderer, der gewohnt ist, über liegende Baumstämme zu steigen, riskiert dort, ins morsche Holz einzubrechen. Das verletzliche Gleichgewicht des Regenwaldes wird deutlich, wenn Flächen gerodet werden: Fehlt der Wald, werden keine Nährstoffe mehr nachgeliefert. Es bleibt unfruchtbarer Boden übrig, den die ursprüngliche Vegetationsform über Jahrzehnte hinweg nicht mehr besiedeln kann.

Während in der Natur Nährstoffzufuhr und Nährstoffentzug im Gleichgewicht stehen, wird auf bewirtschafteten Flächen den Böden mehr entnommen, als Verwitterung von Mineralien und Zersetzung organischer Substanz nachliefern können. Allein die Entnahme von Erntegut unterbricht den natürlichen Kreislauf, denn dadurch wird Pflanzenmasse entfernt. Zur Praxis des Landbaus gehört daher die Zufuhr von Nährstoffen. Gedüngt wird, um Nährstoffverluste auszugleichen, vor allem um die Erträge zu steigern.

Düngen muss man hierzulande auch, weil die Böden in Mitteleuropa der Auswaschung unterliegen, weil Regenwasser durch sie in das Grundwasser sickert. Leicht lösliche Mineralstoffe wie Kalzium und Bor werden in großen Mengen in das Grundwasser ausgewaschen, während das schwer lösliche Phosphat weitgehend im Boden verbleibt. Daraus resultiert, dass man Böden Kalzium in Form von Kalk oder Gesteinsmehl zuführen muss, während die hohen Phosphatgehalte in gut gedüngten, bewirtschafteten Böden die Gefahr von Überversorgung bergen. Häufig wird in diesem Zusammenhang auch die Frage des Nitratgehaltes von Böden diskutiert. Aus übermäßig mit Stickstoff versorgten Böden wird Nitrat, das zu krebserregendem Nitrit umgewandelt werden kann, ins Grundwasser eingetragen. Ein Puffer ist

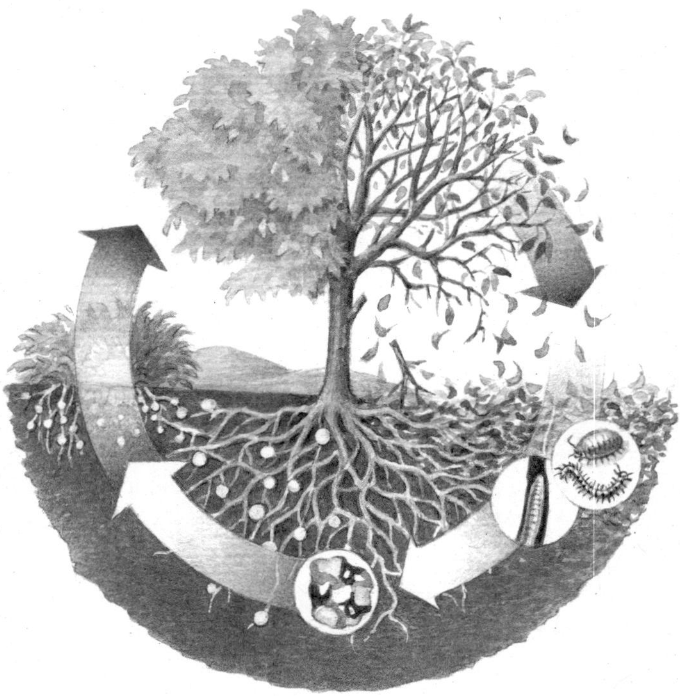

In der Natur werden abgestorbene Teile von Lebewesen durch Mikroorganismen im Boden zersetzt und zu neuen Substanzen neu zusammengefügt. Wurzeln nehmen frei werdende Nährstoffe auf und ermöglichen neues Wachstum.

hierbei der Dauerhumus im Boden: An ihn werden Stickstoffverbindungen angelagert, man spricht von Stickstofffestlegung. Diese Verbindungen werden nicht ausgewaschen und stehen für das Pflanzenwachstum zur Verfügung.

Bodenfruchtbarkeit

Das Zusammenwirken von allen mineralischen und organischen Stoffen im Boden, die physikalischen, chemischen und biologischen Eigenschaften eines Bodens mit all ihren Auswirkungen auf den Wasserhaushalt und die Nährstoffversorgung, werden mit dem Begriff Bodenfruchtbarkeit umschrieben. Damit meint man die Fähigkeit eines Bodens, Voraussetzungen für Pflanzenwachstum zu bieten, was im Falle einer guten Bodenfruchtbarkeit bedeutet, dass hohe Erträge zu erwarten sind. Bodenfruchtbarkeit bezieht sich demnach nicht allein auf das Vorhandensein von Nährstoffen, sondern ebenso auf die Fähigkeit des Bodens, Wassermoleküle und Ionen festzuhalten und den Pflanzen zur Verfügung zu stellen.

Zum Erhalt der Bodenfruchtbarkeit trug immer auch die Kompost- und Mulchwirtschaft bei. Nicht nur beließ man die Ernterückstände auf den Feldern, man brachte auch Mist auf. Abfälle konnte man kompostieren und das daraus gewonnene Material trug zur Anreicherung von organischer Substanz im Boden bei. Heute wissen wir, wie wichtig es ist, nicht nur Nährstoffe zuzuführen, was mit Hilfe von Düngemitteln aus dem Handel leicht gelingt. Es kommt ebenso darauf an, die Struktur der Böden und damit ihre Fruchtbarkeit zu erhalten. Wir müssen dafür sorgen, dass sich stabile Ton-Humus-Komplexe bilden. Dazu müssen wir regelmäßig organische Substanzen zuführen, damit sich Humusstoffe bilden können.

Ein hoher Anteil organischer Substanz im Boden wirkt außerdem der Bodenmüdigkeit entgegen. Ständige Bodennutzung, verbunden mit Nährstoffentzug, strapaziert den Boden. Wird immer wieder dieselbe Kultur angebaut, kommt es außerdem zum einseitigen Auslaugen, schädliche Verbindungen und Krankheitskeime können sich im Boden anreichern. Der Gärtner spricht bei dieser Erscheinung von

Bodenmüdigkeit. Schon früh erkannte man, dass Mischkultur und Fruchtwechsel dieser Erscheinung entgegenwirken. Dazu gab es im alten China ausgetüftelte Fruchtfolgen, die eine ertragreiche Bewirtschaftung von Flächen über Jahrtausende hinweg gewährleisteten.

Maßnahmen zur Bodenverbesserung können ungünstige Voraussetzungen für das Pflanzenwachstum verbessern. Für die Lenkung von Bodeneigenschaften spielt die Zufuhr organischer Substanz eine wichtige Rolle. Zum Beispiel wird ein nährstoffarmer Sandboden durch zusätzliche Düngung fruchtbarer gemacht. In Sandböden ermöglichen Humusstoffe die Anlagerung von Nährstoffen, die dadurch festgehalten und nicht so leicht ausgewaschen werden. In Tonböden dagegen sorgt Kompost für die Bildung von Ton-Humus-Komplexen. Es entstehen Krümel, die von Hohlräumen umgeben sind. Dadurch dringt mehr Luft in den Boden ein, die Erde verschlämmt bei Regen weniger leicht. Somit verbessert Kompost alle Bodenarten.

Verdichtete Böden besitzen kaum Grobporen, es dringt wenig Luft ein, Wasser fließt schlecht ab. Mit der Zufuhr organischer Substanz lässt sich das Gefüge auflockern.

Gut gepflegter Gartenboden weist eine feinkrümelige Struktur mit vielen Poren in unterschiedlicher Stärke auf.

Boden und Pflanzennährstoffe

Für ihr Wachstum beziehen Pflanzen Kohlenstoff und Sauerstoff aus der Luft in Form der Gase Sauerstoff (O_2) und Kohlendioxid (CO_2). Aus dem Boden nehmen sie über ihre Wurzeln Wasser auf. Aus dem Boden erhalten sie in Ionenform auch alle benötigten Nährstoffe. Somit bildet der Boden die Grundlage allen Pflanzenlebens – im wahrsten Sinne des Wortes. Dieses hochkomplexe System unterliegt beständigen chemischen, physikalischen und biologischen Veränderungen.

Zu den festen Bestandteilen des Bodens gehören zum einen die Verwitterungsprodukte der gesteinsbildenden Mineralien (Silikate, Tonmineralien, Kalk), die sowohl an mineralische Substanzen als auch an organische Humusstoffe gebunden sind. Nur ein verschwindend geringer Teil befindet sich gelöst im Boden. Zum anderen zählen die organischen Substanzen und deren Zersetzungsprodukte zu den festen

Pflanzennährstoffe

Für die Pflanzenernährung wichtig sind insbesondere die Elemente Stickstoff, Phosphor, Kalium, Kalzium und Magnesium. Dazu kommen die sogenannten Spurenelemente wie Eisen, Bor, Kupfer oder Mangan. Diese Pflanzennährstoffe finden sich als elektrisch geladene Teilchen, die man als Ionen bezeichnet, im Boden. Positiv geladene Ionen nennt man Kationen, negativ geladene Ionen nennt man Anionen. Ein Anion ist zum Beispiel das Nitrat (NO_3^{2-}). Die meisten Nährstoffe werden als positiv geladene Kationen (K^+, Mg^{2+}, Ca^{2+}) aufgenommen. Das Wort »Ion« stammt aus dem Griechischen und bedeutet »das Wandernde«: Ionen können sich zwischen elektrischen Ladungen und im Boden zwischen Bodenteilchen und Wurzeln bewegen.

Die Ionen der Nährstoffe sind durch ihre Ladungen an die Tonmineralien und Humussubstanzen im Boden gebunden. Diesen Bodenteilchen kommt die wichtige Aufgabe zu, die Nährstoffe so fest zu halten, dass sie nicht ausgewaschen werden können, jedoch locker genug, damit sie von den Pflanzen ausgelöst werden können. Um sie auszulösen, sondern die Wurzeln Wasserstoffionen (H^+) ab. Durch diese chemischen Vorgänge und zusammen mit Mikroorganismen entsteht rund um die Wurzeln ein bestimmtes saures Milieu. Diesen Bereich nennt man Rhizosphäre.

Bodenbestandteilen. Zu den organischen Substanzen im Boden zählen alle Überreste von Pflanzen und Tieren sowie ihre Umwandlungsprodukte. Humus bezeichnet organische Substanz, die bereits eine weitgehende Veränderung erfahren hat.

Die Bedeutung der organischen Bodenbestandteile für die Bodenfruchtbarkeit erkannte man in ihrem ganzen Umfang Ende des 20. Jahrhunderts, als die Grenzen synthetischer Düngemittel deutlich wurden. Es kommt im Landbau nämlich nicht nur auf eine kurzfristige Versorgung der Pflanzen mit Nährstoffen an. Viel wichtiger ist es, die Bodenlebewesen auf Dauer zu ernähren und die Struktur des Bodens langfristig zu bewahren. Dazu braucht es organische Stoffe.

Die wichtigsten Humusbestandteile sind **Huminstoffe.** Huminstoffe sind komplexe organische Verbindungen. Für ihren Aufbau werden organische Stoffe im Boden zerlegt und zu einer völlig neuen Struktur zusammengebaut. Huminstoffe besitzen eine große Oberfläche. Zusammen mit ihren Bindungskräften sind sie in der Lage, Nährstoffe anzulagern, festzuhalten und vor Auswaschung zu schützen.

Man kann grob drei Huminstoffgruppen unterscheiden: die Fulvosäuren, die Huminsäuren und die Humine. Eine wichtige Rolle spielen die gut löslichen Fulvosäuren für den Nährstofftransport im Boden: Fulvosäuren und andere lösliche organische Verbindungen können schwer lösliche Metallkationen scherenförmig umfassen und ermöglichen damit deren Transport.

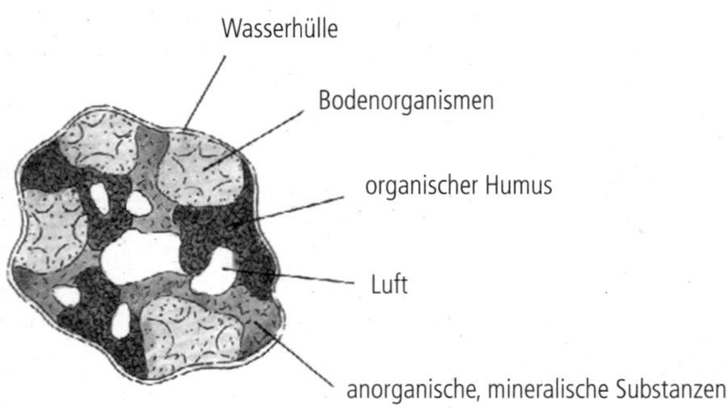

In den Bodenteilchen kleben organische und mineralische Bodenbestandteile zusammen.

Huminstoffgruppen

	Fulvosäuren	Huminsäuren	Humine
Farbe	gelbbraun	braun bis grauschwarz	schwarz
Größe	kurzkettige Moleküle	mittelkettige Moleküle	langkettige Moleküle
pH-Wert	sauer	gemäßigt sauer	schwach sauer
Bindung an Tonminerale	gering	mittel	sehr hoch
Mobilität	stark	mittel	schwach
Stabilität	gering	mittel	hoch
Entstehung	chemisch	chemisch und biologisch	biologisch

(nach Kuntze, Roeschmann, Schwerdtfeger 1988)

Der in den Huminstoffen eingebaute Stickstoff dient als Nahrungsreserve im Boden, indem er allmählich mineralisiert und daher pflanzenverfügbar gemacht wird. Eine gleichmäßige Nährstoffversorgung hängt somit von einem beständigen Nachschub organischer Substanzen ab. Dabei muss man bedenken, dass Humus wesentlich schneller abgebaut als aufgebaut wird.

Zwischen organischen und mineralischen Bodenbestandteilen kommt es zu starken Bindungen. Die organischen und mineralischen Bestandteile vermischen sich so weit, dass niedermolekulare organische Substanzen in die Zwischenschichten von Tonmineralien eingebaut werden. Es entstehen die sogenannten **Ton-Humus-Komplexe,** die die Krümelstruktur des Bodens ausmachen. Nur wenn sich aus Ton-Humus-Komplexen ein feinkrümeliger Boden bildet, können Pflanzenwurzeln optimal wachsen. Die Hohlräume zwischen diesen Teilchen sind zum Teil mit Wasser, zum Teil mit Luft gefüllt. Für ein gutes Pflanzenwachstum sollte die Hälfte dieser Hohlräume mit Wasser, die andere Hälfte mit Luft gefüllt sein, damit die Wurzeln atmen können. Je größer die Oberfläche der Teilchen ist, desto leichter haben Pflanzenwurzeln einen Zugriff auf die Bodenteilchen. 1 g Boden kann eine Oberfläche von 500 m^2 haben.

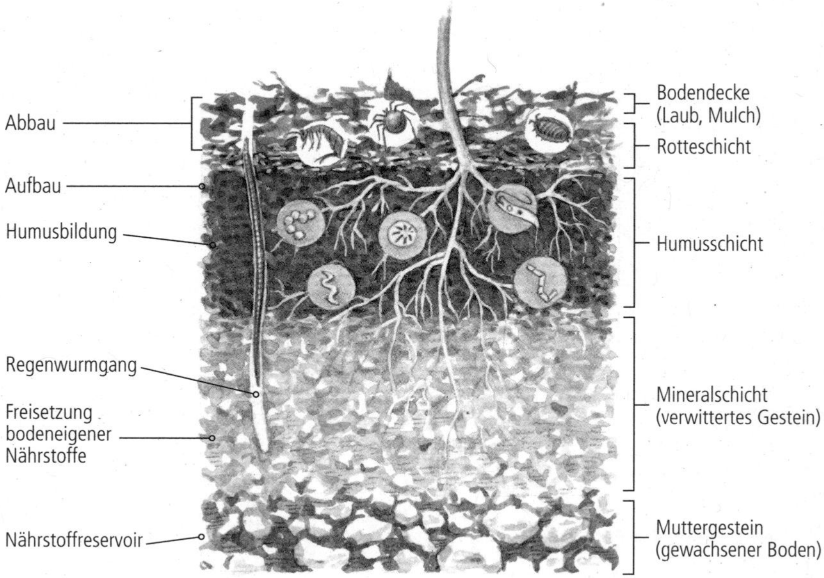

Böden weisen eine typische Schichtung über verwittertem Gestein auf. Organische Substanz wird von der Oberfläche her durch die Tätigkeit der Bodenlebewesen allmählich in etwas tiefere Lagen eingearbeitet.

Humus finden wir in mitteleuropäischen Böden nur in den obersten Schichten. Sein Anteil im Boden beträgt 2 bis 8 Prozent. Liegt der Humusanteil im Boden über 10 Prozent, spricht man von einem humushaltigen, sehr stark humosen Boden. Der Humusanteil in Gartenböden liegt in der Regel bei 5 bis 10 Prozent.

Einen groben Anhaltspunkt für den Humusgehalt gibt die Farbe des Bodens: Ein toniger bis lehmiger Boden hat bei einem Humusanteil unter 4 Prozent eine strohgelbe bis hellgraue Färbung. Bei einem Gehalt von 4 bis 6 Prozent nimmt er eine graue oder kastanienbraune bis dunkelbraune Färbung an. Bei einem Humusanteil von 10 bis 12 Prozent wirkt er schwarz. Sandige Böden dagegen sehen bereits bei einem Humusgehalt von etwa 5 Prozent pechschwarz aus. Je nach Feuchtigkeitsgehalt eines Bodens ist die Färbung dunkler oder heller.

Humusbildung in der Natur

Natürliche Böden weisen eine charakteristische Schichtung auf. Innerhalb der oberen Lagen bildet sich Humus. In Waldböden lassen sich die einzelnen Auflagehorizonte gut erkennen: Obenauf liegen im Streuhorizont wenig veränderte Pflanzenreste wie Blätter, Nadeln, Holz und Streu. Diese Feinsubstanz ist locker miteinander verklebt. Diese Auflage bezeichnet man als »L-Lage« vom englischen Wort *litter* für »Streu«. Der Anteil der organischen Feinsubstanz ist dort niedriger als 10 Prozent.

Im darunterliegenden Vermoderungshorizont finden sich gebleichte Pflanzenreste, deren Struktur nicht mehr erkennbar ist. In der locker verklebten, schichtartig gepackten Masse finden sich Milben, Ausscheidungen von Würmern und Pilzhyphen. Die Bezeichnung »Of-Lage« für diese Schicht leitet sich vom englischen Wort *fermentation* für »Gärung« ab. Der Anteil der organischen Feinsubstanz steigt auf bis zu 70 Prozent. Das Kürzel »O« steht in der Bodenkunde für den Auflagehorizont (»O« für *organic*, organisch).

Unterhalb davon liegt der Humusstoffhorizont. Pflanzenstrukturen sind dort nicht mehr erkennbar, doch es findet noch keine Vermischung mit dem Mineralboden statt. Diese »Oh-Lage« genannte Schicht ist nach dem englischen Wort *humification* für »Humifikation (Humusbildung, Vermoderung)« benannt. Der Anteil an organischer Feinsubstanz liegt bei 50 bis 80 Prozent.

Je nach Boden, Klima und Feuchtigkeitsgehalt entstehen unterschiedliche Humusformen:

Unter günstigen mikrobiologischen Bedingungen bildet sich die günstigste Humusform: der **Mull.** Durch die Passage im Verdauungstrakt von Würmern vermischt sich mineralisches mit organischem Material zu stabilen Ton-Humus-Komplexen. Es entstehen stabile organo-mineralische Bindungen. Mull hat einen frischen Erdgeruch und einen ausgeglichenen pH-Wert im Bereich von 7.

Auf Böden mit schwacher biologischer Aktivität, auf »untätigen« Böden, bildet sich **Rohhumus.** Das ist zum Beispiel unter Heide, in Nadelwäldern oder auf sauren Wiesen der Fall. Der Abbau organischer Substanz findet vorwiegend abiologisch statt, es kommt nicht zu einer

Vermischung mit mineralischen Bodenteilchen. Saurer Regen fördert die Bildung von sehr saurem Rohhumus.

Bei ungünstigen Bedingungen ist die Streuzersetzung gehemmt und die biogene Vermischung unzureichend. Es entsteht **Moder.** Auf sauren Böden kommt es leicht zur Moderbildung, etwa auf Sandböden. Es entsteht ein typischer Geruch nach Kartoffelkeller.

Daneben unterscheidet die Bodenkunde zwischen Humusformen, die zumindest teilweise unter Wasser gebildet werden. Dazu zählen zum Beispiel die Niedermoortorfe und die Hochmoortorfe. Noch vor wenigen Jahrzehnten gab man Gartenböden mit Hilfe von Torf organische Substanz bei. Inzwischen stehen die Torfflächen in Mitteleuropa weitgehend unter Naturschutz und der Einsatz von Torf als Zuschlagsstoff für den Boden wird als bedenklich angesehen. Heute achten wir darauf, den Boden durch eine geeignete Bewirtschaftung mit organischer Substanz zu versorgen, indem wir Gründünger einsäen oder konsequente Kompostwirtschaft betreiben.

Kompostierung wandelt organische Substanz in Humusstoffe um – schneller, als die natürlichen Abbauvorgänge ablaufen. Je nach organischer Substanz und Zersetzungsgrad lassen sich **Nährhumus** und **Dauerhumus** unterscheiden, siehe auch die Tabelle auf der rechten Seite. Nährhumus ist leicht abbaubar, Dauerhumus dagegen ist beständig, aber zersetzbar. Jedes organische Material wird sowohl in Nährhumus als auch in Dauerhumus eingebaut. Zuerst erfolgt die Zersetzung, dann der Neuaufbau. Die schnell abbaubaren Verbindungen im Nährhumus dienen als ergiebige Nahrungsquelle für Mikroorganismen im Boden. Nährhumus wird weitgehend mineralisiert. Gründüngung und Ernterückstände liefern hohe Anteile dieser leicht umsetzbaren organischen Substanz. Die beständigen Verbindungen im Dauerhumus sind für die Mikroorganismen dagegen schwerer zu zersetzen. Dauerhumus, wie er in reifem Kompost enthalten ist, dient der langsamen, aber anhaltenden Bodenverbesserung. Er verbessert dauerhaft die Bodenstruktur.

Beide Humusformen bewirken eine langfristige Ertragssicherung und haben einen günstigen Einfluss auf die Qualität der Erzeugnisse. Man kann sie sehr grob anhand ihrer Färbung erkennen: Milder, nährstoffreicher Humus ist sattbraun bis schwarz gefärbt. Saurer, nährstoffarmer Humus hat dagegen eine ockerbraune bis rotbraune Farbe.

Einfluss von Humus auf die Bodenqualität

Einfluss auf …	Nährhumus	Dauerhumus
… die Pflanzenernährung	ernährt die Bodenlebewesen und damit die Pflanzen über die Bindung von Luftstickstoff durch Pflanze und Bodenlebewesen sowie Nährstoffaufschluss durch die Bodenlebewesen	• enthält selbst Nährstoffe • ermöglicht Anlagerung und Austausch von verfügbaren Bodenmineralstoffen
… die Bodenstruktur	bewirkt Krümelbildung durch Lebendverbauung (Bodengare)	• verbessert die Bodenstruktur (Wasserspeicherung, Luftführung, Erwärmung) • stabilisiert das Bodengefüge der Krume • puffert den Boden gegen Säurewirkung
… die Bodengesundheit und die Pflanzengesundheit	bildet Wirkstoffe, zum Beispiel Antibiotika und Vitalstoffe	• begünstigt das biologische Gleichgewicht im Boden • drängt Schadorganismen zurück • verbessert die Bodenhygiene

(nach Seitz 1990)

Kalkgehalt und pH-Wert des Bodens und ihre Bedeutung für die Pflanzenernährung

Eine entscheidende Rolle für den Abbau organischer Stoffe und für die Verfügbarkeit von Nährstoffen hat der Kalkgehalt im Boden. Er beeinflusst den Säure-Basen-Haushalt des Bodens, das heißt die Konzentration von Wasserstoffionen (H^+) in der Bodenlösung, die man als pH-Wert angibt: Sauer entspricht einem pH-Wert von weniger als 7. Es herrscht ein Überschuss an positiver Ladung vor. Neutral sind die Verhältnisse bei einem pH-Wert von 7. Basisch oder alkalisch ist eine Lösung mit einem pH-Wert über 7. Dann ist negative Ladung im Überschuss vorhanden.

Der pH-Wert wirkt sich auf die physikalischen und chemischen Eigenschaften von Böden aus. Er beeinflusst die Aktivität der Bodenlebewesen, die Entstehung von Tonmineralien und die Verfügbarkeit von Nährstoffen. Im neutralen bis schwach sauren Bereich sind die Pflanzennährstoffe in der Regel optimal verfügbar. Moorbeetpflanzen wie Rhododendren, Heidekraut, Heidelbeeren oder Heidekraut sind an ein saures Bodenmilieu angepasst. Sie gedeihen bei einem höheren pH-Wert im Boden schlecht. Andere Pflanzen reagieren auf einen zu sauren Boden, indem sie aufgehellte, gelbliche Blätter bilden. Diese Erscheinung, die man Chlorose nennt, geht zurück auf eine verschlechterte Eisenversorgung aufgrund eines zu hohen pH-Wertes. Aufgehellte, chlorotische Blätter sieht man oft bei Rhododendren, die in lehmiger Erde wachsen, oder bei Kartoffel-Rosen auf kalkhaltigen Böden.

Der pH-Wert des Bodens hängt wesentlich ab vom Gehalt an basisch wirkenden Kationen, hauptsächlich von Kalziumionen (Ca^{2+}) und Magnesiumionen (Mg^{2+}). In unserem meist regenreichen Klima werden diese Ionen leicht in das Grundwasser ausgewaschen. Dazu kommt, dass Pflanzen Kationen wie Ca^{2+}, Mg^{2+}, K^+ und Na^+ in hohem Maße für ihre Ernährung aufnehmen und somit dem Boden entziehen, was letztlich zu einer Versauerung des Bodens führt. Versorgt man den Boden ab und zu mit zusätzlichem Kalk, gleicht dieser Zusatz den Verlust aus und bindet darüber hinaus negativ geladene Tonmineralien. Kalk, den man in Form von Algenkalk unmittelbar auf den Kompost streut, neutralisiert die beim Abbau entstehenden Huminsäuren und beschleunigt die Rotte. Kalkzugaben verbessern die Qualität von Kompost und beugen einer Bodenversauerung vor.

Der Kompostplatz

Kein Garten ohne Kompost, das sollte eine Grundvoraussetzung sein. Denn wo wollte man sonst all den anfallenden Grünabfall hinschaffen? Das Volumen einer Grünabfalltonne ist doch immer beschränkt.

Der Kompostplatz findet seinen idealen Standort unter einer Baumkrone, die Schatten wirft, und neben dem Nutzgarten, wo viele Ernteabfälle anfallen und reichlich Kompost gebraucht wird.

Platzbedarf

Wie viel Platz man für den Kompost braucht oder zur Verfügung stellen kann, hängt von der Rottedauer, der Größe, Art und Nutzung des Gartens sowie der Haushaltsgröße ab. Ganz allgemein rechnet man damit, dass man pro 100 m^2 Gartenfläche ein Kompostvolumen von 0,5 bis 1 m^3 mit Restgut aus dem Garten und mit Küchenabfällen beschickt. Ein Haushalt mit vier bis fünf Personen erfordert ein Fassungsvermögen von durchschnittlich 1 m^3.

Bei einer Gartenfläche bis etwa 300 m^2 wird man sich meist mit einem Schnellkomposter begnügen müssen. Auf größeren Flächen kann man dagegen Platz für ein zweikammeriges, besser dreikammeriges Gestell einplanen, dafür sollte man eine Fläche von mindestens 6 m^2 vorsehen. Ein Kammersystem hat den Vorteil, dass man Kompostgut sammeln und von Zeit zu Zeit sachgerecht aufschichten kann.

Gärten mit einer Fläche von über 2000 m^2 kann man mit einer Kompostmiete ausstatten. Sie wird in einer Breite von 2 m aufgesetzt und rund 1 m hoch aufgeschichtet. Man baut der Länge nach an und kann nach einigen Monaten vom Anfang weg fertigen Kompost entnehmen. Bei jedem neuen Aufsetzen beginnt man wieder am Anfangspunkt. Solch eine klassische Kompostmiete hat einen Platzbedarf von etwa 15 m^2, schließlich muss man Material über längere Zeit sammeln und benötigt Raum fürs Mischen und Sieben.

Der Kompost sollte Kontakt zum Boden haben, damit alle Organismen, vor allem die Würmer, von unten zuwandern können. Sie verkriechen sich, sobald sich ihre Lebensbedingungen verschlechtern. Der Boden am Grund sollte zudem nicht verdichtet sein, damit überschüssiges Wasser ungehindert ablaufen kann und sich nicht im Kompost staut. Sickerflüssigkeit gibt es immer. Natürlich spült sie auch Nitrat in tiefere Schichten, in einem intakten Bodengefüge ist dadurch jedoch kein dramatischer Eintrag ins Grundwasser zu erwarten. Um das Eindringen von Mäusen oder Ratten zu verhindern, kann man unten einen Maschendraht einlegen, doch mit Platten oder Beton darf man den Grund nicht versiegeln. Auch eine ansonsten abgeschlossene Komposttonne muss unten offen sein, damit der Inhalt direkten Kontakt zum Boden hat.

Die Kompostierung und Verrottung funktionieren notfalls auch bodenfern, also auf versiegeltem Boden. Die Artenfülle der zersetzenden Flora und Fauna ist in diesen Fällen zwar kleiner als bei direktem Bodenkontakt, aber selbst der Kompostwurm stellt sich über kurz oder lang ein, ohne dass man ihn extra zum Kompost geben muss.

Anders sieht es mit der Umgebung oder dem Zugang zum Kompostplatz aus. Es hat sich bewährt, eine Plattenreihe dorthin und falls erforderlich rund um den Platz zu legen, damit man wirklich bei jeder Witterung Zugang hat und dort stehen kann, um Materialien zu zerkleinern oder aufzuschichten. Für den Abtransport braucht man oft eine Schubkarre, zumindest einen großen Eimer. Ein breiter, befestigter Zugang, auf dem man bequem eine Schubkarre schieben kann, erweist sich als vorteilhaft. Auf jeden Fall muss man einen Bottich wegtragen können, ohne dass man mit den Ellenbogen aneckt oder mit den Ärmeln irgendwo hängen bleibt.

Handlungsfreiheit ist auch für den Kompostplatz selbst angesagt. Man braucht genügend Bewegungsraum, um mit Schaufel oder Grabegabel arbeiten zu können. Ein offener Platz, um ein Gitter aufstellen zu können, durch das man fertigen Kompost wirft, um ihn zu sieben, erleichtert die Arbeit. Dazu kommt im günstigen Fall eine Stellfläche für Tonnen, in denen man Pflanzenjauchen bereitet. Solche Tonnen sollten auf einer befestigten Fläche stehen. Gut eignet sich ein Pflasterbelag oder Plattenbelag. Es genügt jedoch auch ein gestampfter Grund, auf den man eine Schicht Splitt oder Feinkies ausbringt. Es kann in diesem Fall allerdings etwas Mühe bereiten, die mit Wasser gefüllten Tonnen einigermaßen gerade und standfest aufzustellen. Insgesamt kommt man so schnell auf einen Platzbedarf von 8 bis 10 m^2.

Wer oft mit dem Schredder arbeitet, um das zu kompostierende Gut vorzubereiten, braucht auch dafür eine befestigte Fläche. Dazu muss man bedenken, dass der Schredder vor Nässe geschützt aufbewahrt werden muss. Man braucht somit noch einen Schuppen in der Nähe.

Der geeignete Platz im Garten

Gründlich sollte man sich den Standort im Garten überlegen. Ein guter Zugang, auch bei widriger Witterung, ist wichtig. Reichlich Pflanzenreste fallen im Gemüsegarten an. Dort wird außerdem viel von dem gewonnenen Kompost verbraucht. Daher bietet es sich an, den Kompostplatz zum Beispiel am Rand des Nutzgartens anzulegen. Man kann ihn dort gut mit rankenden Kulturen wie Kürbis oder Kapuzinerkresse integrieren.

Doch auch in anderen Gartenbereichen wird Kompost gebraucht und fällt Pflanzenschnitt an. Staudenbeete liefern das ganze Jahr über pflanzliches Material, ebenso fällt von Rasenflächen Grasschnitt ab und Hecken oder Strauchgruppen liefern Schnittgut. Wie die direkte Umgebung des Kompostplatzes genutzt wird, ist deshalb für die Überlegung, wo der Kompost seinen Platz erhalten soll, weniger wichtig als die wünschenswerten Bedingungen für den Komposstandort selbst.

Der Platz muss leicht beschattet liegen. In voller Sonne trocknet der Kompost zu schnell aus, die Rotte kann nicht geregelt ablaufen. An einem ständig beschatteten Platz, etwa an der schattigen Nordwand des Hauses, besteht die Gefahr, dass der Haufen ständig feucht ist, verklumpt, gärt und stinkt.

Damit der Abbau geregelt verläuft, sollte daher auch ein gewisser Schutz vor Regen vorhanden sein. Ein Blätterdach von benachbart stehenden Gehölzen ist ideal. Zweckmäßig kann auch ein kleines abnehmbares Dach sein, das im Abstand von 20 cm über dem oberen Rand des Komposthaufens angebracht wird. Es leitet Regenwasser ab, was vor allem in den Wintermonaten vor Auswaschung und Übernässung schützt. Ist ein Dach vorhanden, muss man das Material allerdings von Zeit zu Zeit befeuchten.

Wasser zuführen sollte man ohnehin bei längerer Trockenheit im Sommer. Das bewältigt man leichter, wenn man einen Wasseranschluss im Freien hat, an dem man einen Schlauch anschließen kann. Wer eine Gießkanne schleppen muss, kann sich damit trösten, dass man den Kompost meist nur sehr selten befeuchten muss. Am besten gießt man mit Brausevorsatz regelmäßig und in kleinen Mengen. Zum Gießen verwendet man am besten Regenwasser oder abgestandenes Leitungswasser.

Viel Platz braucht ein Kompostplatz für Mieten.
Ein befestigter Weg erlaubt Zutritt von allen Seiten.

Auch der Zugang zu einer Steckdose ist zu bedenken: Schredder und Elektrosägen brauchen Strom, daher sollte die Möglichkeit bestehen, ein Kabel in ausreichender Länge vom Haus oder von der Garage her legen zu können.

Fast immer liegt es nahe, den Kompostplatz am Rand des Grundstücks zu platzieren. Doch darf ein Kasten nie mit der Grundstücksgrenze abschließen: Per Gesetz müssen in Deutschland 50 cm Abstand zur Grenzlinie sein (siehe auch Seite 16). Dafür hat der Nachbar dann kein Mitspracherecht zum Aussehen des Kompostplatzes, wie er gebaut ist und was dort wächst.

Ausgestaltung der Kompostecke

Einen schönen Anblick bietet ein Kompostplatz nicht unbedingt. Wer ihn ein wenig verbergen will, kann eine Reihe Sträucher davorsetzen. Es bieten sich zum Beispiel Johannisbeersträucher an, die man ohnehin jährlich mit Kompost versorgt. In das Umfeld eines Nutzgartens passen obendrein Himbeeren. An einem Gerüst kann man auch Brombeeren ziehen, sofern es sich um eine stachellose Sorte handelt. Bestachelte oder bedornte Triebe behindern das Arbeiten. Aus diesem Grund scheiden Stachelbeeren für die Umgebung des Kompostplatzes aus.

Eine gute Lösung stellen auch Felsenbirnen dar: Sie wachsen an der Basis schmal und breiten sich nach oben breit kegelförmig aus. Felsenbirnen kann man drei Meter hoch wachsen lassen, wenn der Platz dafür vorhanden ist. Man kann sie durch einen Schnitt aber auch viel niedriger halten. Zudem schmücken sie mehrfach im Jahr: Sie tragen im April fragile weiße Blüten, treiben zugleich hell bronzebraun aus, tragen schwarze, aromatische Beeren im August und überraschen im Oktober mit ziegelrotem Herbstlaub.

Zur Bereicherung des Gartens trägt außerdem die Duftschneeball-Art *Viburnum farreri* bei. Auch er verträgt jeden Schnitt, sodass er für streng geschnittene Hecken in Frage kommt. Dann bildet das verzweigte Geäst mit seinen hellgrünen, gesägten Blättern einen guten Sichtschutz. Der Strauch überrascht, wenn er zwischen November und Februar zum Blühen ansetzt. Die weißen bis rosafarbenen Blüten erscheinen nicht nur zu einer ungewohnten Jahreszeit, sie duften dazu angenehm. So wird der Gang zum Kompost sogar im Winter zum sinnlichen Genuss.

Wenn der Platz für einen Strauch oder eine Hecke nicht reicht, kann man in einem schmalen Beet rund um den Kompostplatz hochwachsende Einjährige ziehen, etwa Zuckermais, Sonnenblumen oder Topinambur. Auch Bambussorten, die höchstens 2,5 m hoch werden und keine Ausläufer bilden, eignen sich. Man kann auch Stangen in die Erde stecken und Bohnen daran hochwachsen lassen. Oder man stellt ein Rankgerüst auf, an dem ein kletterndes Gehölz wächst. Die Sorten der Bergwaldrebe erobern solch ein Gerüst innerhalb von zwei Jahren. Langsamer wachsen andere Clematis-Sorten und -Arten, vor allem Formen mit kleineren Blüten sehen gut aus. Ganz apart sind beispielsweise die pinkfarbenen Blüten der Sorte 'Lady Diana', während die Art *Clematis tangutica* dadurch hervorsticht, dass sie ab Hochsommer sattgelbe Blüten und zugleich silbrige, fiedrige Fruchtstände trägt. Auch mit einjährigen Kletterpflanzen lässt sich solch ein Sichtschutz begrünen: Hübsch sehen Duft-Wicken mit ihren weißen, rosafarbenen, roten oder violetten Schmetterlingsblüten aus. Die Trichterwinde *Ipomoea nil* trägt trichterförmige Blüten in einem unwirklichen Himmelblau. Sie überzieht ein Rankgitter innerhalb des Sommers.

Zum landläufigen Bild eines Komposthaufens gehört es, ihn mit Kürbisranken bewachsen zu lassen. Tatsächlich halten die großen Kürbisblätter Regen ab und die Pflanze gedeiht gut in der nährstoffreichen Umgebung, sofern sie genug Sonnenlicht erhält. Achtung: Man setzt die Kürbispflanze immer an den Fuß des Kompostes, in den Erdboden. Ihr kommen dann Nährstoffe zugute, die ansonsten in den Untergrund ausgewaschen würden. Wurzelt die Kürbispflanze dagegen direkt im Kompost, entzieht sie ihm Nährstoffe.

Kompostformen

Kompostmiete

Ein Behälter ist für die Kompostierung nicht unbedingt erforderlich. Um die Rotte in Gang zu bringen, genügt es, die Materialien gut gemischt aufzuschichten und am besten zu bedecken. Die altüberlieferte Form des Kompostierens beruht tatsächlich auf einer offenen Miete, wie sie in Gartenbaubetrieben nach wie vor angelegt wird. Kompostmieten brauchen jedoch viel Platz und eignen sich bestenfalls für große Gärten.

Eine Miete sollte eine Breite von 1,2 bis 1,5 m haben bei einer Höhe von maximal 1 m. Aufgeschichtet wird sie etwa 1 m hoch, mit schrägen Seitenwänden. Wird die Miete zu hoch aufgeschichtet, rutscht das Material ab. Der Querschnitt wird in niederschlagsarmen Gebieten trapezförmig gehalten, sind hohe Niederschläge zu erwarten, setzt man die Miete eher mit dreieckigem Querschnitt auf, damit überschüssiger Regen abläuft. Eine Abdeckung mit Stroh oder Rasenschnitt verhindert die Austrocknung. Das gesammelte Material wird beginnend an einer Seite kontinuierlich aufgesetzt, sodass man schon nach einigen Monaten vom Ausgangspunkt fertigen Kompost entnehmen kann.

Damit die Rotte wie gewünscht verläuft, braucht es ein Volumen von schätzungsweise mindestens 2 m^3. Daraus ergibt sich eine Mindestlänge für eine Miete von mehreren Metern. So viel Material fällt in einem Hausgarten kaum an und so viel Platz für die Miete, einen umlaufenden Weg sowie für das Sammeln von Material steht in der Regel zudem nicht zur Verfügung.

Offene Kompostbehälter

Steht nur beschränkt Platz zur Verfügung, fällt die Wahl auf einen Behälter. Die verschiedenen Kompostmaterialien fallen je nach Jahreszeit in wechselnder Zusammensetzung und in sehr unterschiedlichen Mengen an. Daher ist es nötig, die Materialien im Garten zu sammeln und zu lagern. Das geschieht am besten in einem mehrkammerigen Kompostsystem. Gut eignen sich dafür Bretterverschläge, die sich auseinandernehmen lassen. Sie verbergen zudem das mitunter wenig gefällige Aussehen von gesammeltem organischen Material, lassen jedoch Luft daran. Der fertig aufgeschichtete Haufen kann in jedem Fall eine luftdurchlässige Abschlussdecke aus Gras, Laub, Bambusmatten, Jutesäcken oder einer dünnen Schicht Erde erhalten. Sie begünstigt die Wärmeentwicklung im Inneren.

Kompostbehälter werden aus unterschiedlichen Materialien angeboten. Ebenso vielfältig sind die Variationsmöglichkeiten für den Eigenbau. Oft werden Module angeboten, die man ohne großen Aufwand aneinandergereiht aufstellen kann. Egal, ob man einen Kompostbehälter kauft oder selbst baut – er sollte möglichst offen sein und Öffnungen besitzen, damit Luft von allen Seiten eindringen kann.

Für den **Eigenbau** eignen sich im einfachsten Fall viele ausgediente Behälter, zum Beispiel perforierte Tonnen aus Kunststoff (die Farbe spielt keine Rolle, alle Farben sind gleich gut möglich). Als Notbehelf kann auch eine mit Löchern versehene Blechtonne dienen. Metalle sind jedoch gute Wärmeleiter. Sie erhitzen sich im Sommer stark und kühlen

Feste Eckpfosten stabilisieren das Gestell aus Holzlatten.

Seitlich aufgemauerte Wände müssen Lücken aufweisen. Vorn eingeschobene Holzlatten lassen sich für die Kompostentnahme herausheben.

Ein Rahmen mit Drahtgitter bildet einen zweckmäßigen Kompostbehälter.

Rundholz lässt sich über Kreuz befestigen. Zum Entnehmen von Kompost kann man das Gestell nicht zerlegen.

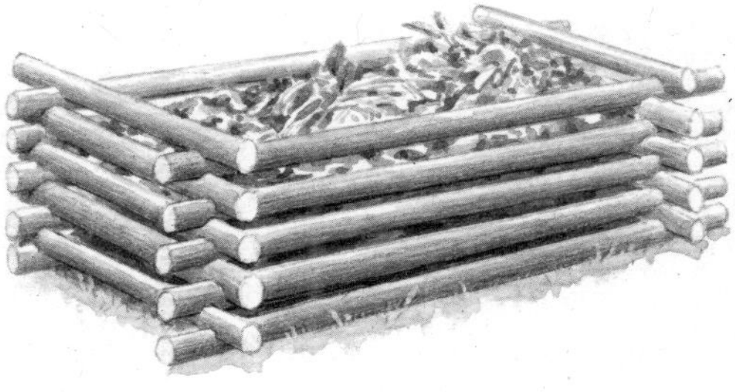

Dekorativ sieht ein Behälter aus Flechtwerk aus. Zwischen stabilen Haselruten werden Weidenzweige verflochten. Das Material verrottet innerhalb weniger Jahre.

Für alle Kompostbehälter gilt: Sie müssen das Material festhalten, doch muss Luft ungehindert zudringen können.

im Winter leicht aus. Preisgünstig lassen sich aus Holzlatten Rahmen bauen, die man mit Hasendraht oder einem Kunststoffnetz bespannt. Diese Gitterplatten lassen sich anschließend zu einem würfelartigen Aufbau zusammenfügen. Auch Maschendrahtelemente, die man an den Ecken und zusätzlich entlang der Seitenwände des Gestells mit senkrecht in den Boden versenkten Metallstangen verzahnt, eignen sich. Das sieht zwar nicht unbedingt sehr dekorativ aus, erfüllt jedoch seinen Zweck. Die Drahtwand – egal, ob aus Metall oder Kunststoff – muss kleinmaschig genug sein, damit selbst feines Material nicht aus dem Behälter fällt.

Einen gefälligeren Anblick bieten gezimmerte Bretterwände, bei denen man zum Aufbau der Seitenwände 6 bis 10 cm breite Kanthölzer übereinanderliegend jeweils an den Ecken des Gestells befestigt. Senkrechte Leisten an den Ecken und zusätzlich entlang der Seitenwände sorgen für Stabilität. Rundhölzer kann man auch blockhüttenartig wechselweise aufeinanderlegen. Passende Holzstücke lässt man sich im Holzfachhandel oder im Baumarkt zuschneiden. In älteren Gärten kann man auch anfallenden Baumschnitt dafür verwenden.

Zum Blickfang wird der Kompost, wenn er von einem Flechtwerk aus flexiblen Zweigen eingefasst ist, das zwar gut aussieht, jedoch eine vergleichsweise kurze Lebensdauer hat.

Im Baumarkt oder übers Internet werden unterschiedlichste Kompostbehälter aus verschiedenen Materialien zum **Kauf** angeboten. Sie lassen sich meist sehr einfach aufbauen und sorgen für ein ordentliches Erscheinungsbild. Dekorativ wirken zum Beispiel Kompostsilos mit festem Metallgerüst und Holzlatten als Querstreben. Als praktisch erweist sich in diesem Fall beispielsweise ein fester Aluminiumrahmen, an dessen Außenseiten Führungsleisten angebracht sind, um die Holzlatten einzuschieben. Der Rahmen wird mit Hilfe von Kreuzen stabilisiert, und weil er so leicht ist, lässt er sich leicht bewegen. Die Holzlatten kann man einfach von oben aus dem Rahmen nehmen. Das erleichtert die Entnahme des fertigen Kompostes, weil man ihn unkompliziert herausschaufeln kann. Die schräg in den Rahmen eingeführten oder auf Laufschienen mit Abstandshaltern liegenden Holzlatten sorgen für den Zusammenhalt des Gestells und zugleich für die erforderliche Luftzufuhr.

Das zu verwendende Material ist eine Überlegung wert: Metall sollte generell nicht verzinkt sein, weil sich abgegebene Zinkionen im Kompost anreichern können. Holz verwittert je nach Holzart leicht. Die Lebensdauer eines Holzgestells hängt deshalb auch von der Holzart ab: Fichtenholz wird nach fünf Jahren morsch, Eichenholz und Robinienholz hält zwanzig Jahre.

Holz kann zwar gegen eine zu rasche Verwitterung mit einem entsprechenden Schutzanstrich versehen werden, doch darf man dafür nur ungiftige Substanzen verwenden. Leinöl kommt in Frage, Lasuren, die Fungizide enthalten, sind tabu. Auch kesseldruckimprägniertes Holz sollte nicht verwendet werden.

Praktisch sind Gestelle, bei denen man Holzlatten entlang einer seitlichen Führung einschieben kann. Das erleichtert das Umsetzen von Kompost wesentlich.

Geschlossene Kompostbehälter

Schnellkomposter oder sogenannte Thermokomposter aus Kunststoff bieten sich für kleine Platzverhältnisse an. Sie eignen sich für Gärten in der Stadt oder für kleine Reihenhausgärten, weniger jedoch für befestigte Flächen, weil das gesammelte Material direkten Kontakt zum Boden haben sollte.

Behälter mit einfacher Wandung werden als **Schnellkomposter** bezeichnet. **Thermokomposter** sind innen zusätzlich mit einer dicken Isolierschicht versehen, die gleichbleibend hohe Temperaturen ermöglichen und dadurch eine schnelle Umsetzung gewährleisten soll. Dafür muss die Isolierschicht dicht abschließen, was nicht immer der Fall ist. In den geschlossenen Kunststoffkammern entstehen Temperaturen bis zu 70 Grad, was zu einer schnellen Kompostierung führt, die Reifezeit ist verkürzt. Der Deckel sorgt dafür, dass das Rottematerial warm bleibt. Die Abdeckung verhindert außerdem das Eindringen von Regenwasser, hält störende Gerüche zurück und wehrt Tiere ab. Beim Kauf sollte man darauf achten, Kompostbehälter zu erwerben, die aus recyceltem Kunststoff hergestellt sind.

Im Thermokomposter geht die Rotte schnell vonstatten. Doch der Rotteverlauf lässt sich nicht leicht steuern. Es besteht die Gefahr, dass das Material vernässt, fault und stinkt.

Auch für geschlossene Behälter sollte man das Material zunächst sammeln und dann eine größere Menge auf einmal aufsetzen. Dadurch werden höhere Temperaturen erreicht, die Unkrautsamen, Krankheitserreger und Schneckeneier abtöten können. Auch für den Kompost im Schnellkomposter und Thermokomposter empfiehlt es sich, ihn nach zwei bis drei Wochen einmal umzusetzen. Die entstehende Rottewärme wird ohnehin nur dann im Kompostbehälter gespeichert, wenn der Behälter auf einmal beschickt wird. Eingefüllt wird jeweils von oben über zwei Deckelklappen. Der Kompost wird unten über Entnahmeklappen entnommen, oder man zieht einfach den gesamten Behälter hoch und fördert so den Kompost zu Tage.

Wenn viele nasse Abfälle aus der Küche in die Tonne wandern, besteht die Gefahr von Fäulnis, da Wasserdampf trotz ausgefeilter Belüftungssysteme nur in beschränktem Umfang entweichen kann. Eine sorgfältige Schichtung und Mischung der Ausgangsmaterialien ist hier unerlässlich. Ein geschlossener Behälter an sich garantiert somit nicht schon allein für sich einen günstigen Rotteverlauf.

Kompost-Erdmiete

Im Gegensatz zum Kompostbehälter oder zum rein oberirdischen Komposthaufen wird die Kompost-Erdmiete rund 50 cm tief in den Boden eingesenkt. Eine Grundfläche von 1 × 1,5 m genügt. Eine Erdmiete bietet den Vorteil, dass sie von Haus aus einen guten Bodenkontakt aufweist. Kompostmaterial lässt sich kräftesparend einfüllen. Allerdings bedeutet das Ausheben des fertigen Kompostes einen gewissen Kraftaufwand. Das kann Wirbelsäule und Rückenmuskulatur belasten.

Zum Bau der Erdmiete hebt man zunächst eine Grube aus. Die Erdmiete darf nicht in einer Bodensenke liegen, denn dort kann sich leicht Wasser stauen. Die zur Umsetzung des Materials notwendigen Kompostwürmer brauchen zwar Feuchtigkeit, entwickeln sich bei Nässe jedoch schlecht.

Der Boden am Grund wird nicht verdichtet, denn überschüssiges Wasser soll ungehindert ablaufen können. Der Bodenbelag sollte jedoch einigermaßen eben liegen, damit man den Kompost leicht entnehmen kann. Wer auf durchlässigem Sandboden gärtnert, trägt am besten eine etwa 10 cm dicke humose Lehmschicht auf, damit die Sickersäfte nicht zu schnell in den Boden gelangen. Bei Lehmboden empfiehlt es sich stattdessen, eine Sandschicht aufzubringen, damit sich die Feuchtigkeit am Grund des Kompostes nicht allzu lange staut.

Die Würmer, die sich in der Miete entwickeln, brauchen Schutz vor Fressfeinden wie dem Maulwurf oder der Spitzmaus. Daher werden Boden und Seitenwände der Erdmiete mit Material ausgekleidet, das den Durchschlupf der Kompostwürmer ermöglicht, größere Räuber jedoch abhält. Grobmaschige Drahtgitter eignen sich dafür oder auch Lochziegel. Auf den Boden schichtet man Lochziegel so nebeneinander, dass die Hohlräume senkrecht verlaufen. Die Kompostwürmer müssen hindurchschlüpfen können.

Für die Befestigung der Seitenwände kommen die unterschiedlichsten Materialien in Frage: Latten aus unbehandeltem Holz oder Ziegelsteine, die man ohne Mörtel übereinanderschichtet. Sogar aus Beton könnte man die Seitenwände gießen, sofern man den Aufwand einer Verschalung betreiben will. Die Seitenwände müssen eng an den Bodenbelag anschließen, sonst können sich Spitzmäuse auf der Suche nach Beute hindurchzwängen. Nur die ausgehobene Erdgrube wird mit Wänden abgestützt. Würde man höher bauen, wäre das Leeren der Grube behindert.

Um die Würmer im Kompost vor gefräßigen Vögeln zu schützen, kann die Miete außerdem eine Abdeckung erhalten. Sie hält zugleich Licht und teilweise Regenwasser ab, muss aber den Zutritt von Luft ermöglichen. Daher eignet sich ein mit Drahtnetz bespannter Holzrahmen gut, der mit mehreren Lagen Jutegewebe, Kartoffelsäcken oder auch einem alten Teppich abgedeckt wird. Die Abdeckung muss man leicht abnehmen können, sie darf also nicht zu schwer sein. Abstandshalter zwischen Abdeckung und Miete sind nicht nötig.

Die Abdeckung kann direkt auf den Seitenwänden aufliegen. Eine Abdeckung mit mehreren Lagen von sehr saugfähigem Papier erfüllt den gleichen Zweck. Man muss das Papier aber vor Verwehung schützen, etwa indem man Latten auflegt. Eine durchlöcherte Mittelwand kann die Miete in zwei Hälften teilen. Dadurch wird es möglich, immer

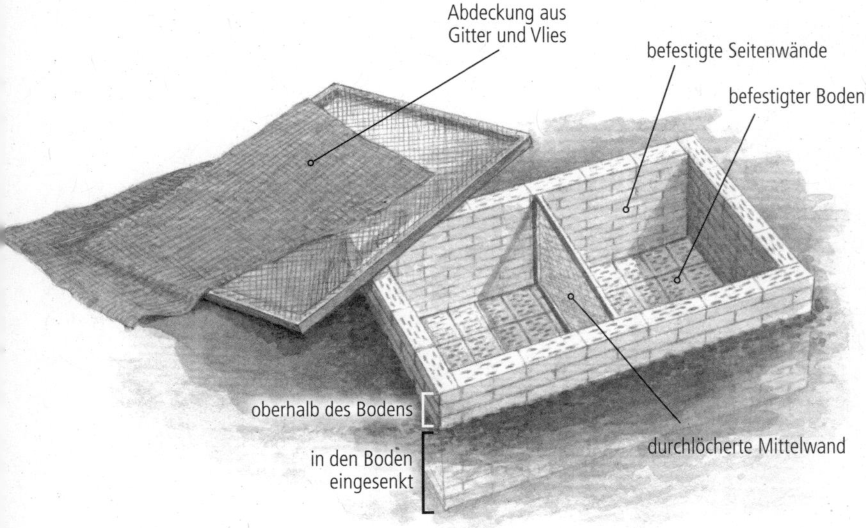

Eine Erdmiete wird in den Boden eingesenkt und rundum befestigt. Eine Abdeckung aus Gitter und Vlies schützt, aber lässt Luft hindurch.

nur eine Kammer zu beschicken, während die Rottevorgänge in der anderen Kammer weiter vorangehen. Ist der Abbau der organischen Materialien in der einen Kammer weit genug fortgeschritten, ziehen sich die Kompostwürmer durch die durchlöcherte Mittelwand in die Kammer mit den frischen Stoffen zurück und man kann fertigen Kompost aus der ersten Kammer entnehmen.

Kompost bereiten

Materialien für den Kompost

Eine lange Liste könnte man zusammenstellen, was alles auf den Kompost gelangen darf. Kurz lässt es sich folgendermaßen zufassen: Alles organische Material, das verrottet, kann auf den Kompost. Mit einigen Details dazu befassen wir uns im Folgenden. Alles, was nicht auf diesem Wege abgebaut werden kann, gehört nicht auf den Kompost. Zu einigen dieser Einschränkungen gibt es im Anschluss nähere Informationen.

Geeignete Materialien für den Kompost

Küchenabfälle

Bei der Zubereitung von Gerichten fallen reichlich organische Abfälle an. Daher besitzt nahezu jede Küche einen Sammeleimer für Biomüll. Der Handel bietet geeignete Eimer mit Deckel aus zweckmäßigem Kunststoff oder dekorativer Keramik an. Damit sich darin kein nasser, stinkender Matsch bildet, sollte der Eimer mit saugfähigem Papier ausgekleidet und möglichst täglich geleert werden. Im Handel erhältliche kompostierbare Tüten aus Maisstärke oder aus unbeschichtetem starken Papier erleichtern das Sammeln und Wegbringen, zugleich ermöglichen sie mehr Sauberkeit in der Küche. Die kompostierbaren Tüten aus Maisstärke lassen sich im traditionellen Haus-

Fallobst kann im Kompost gesammelt, zersetzt und umgewandelt werden. Die saftigen Früchte lassen sich gut mit trockenen Stängeln und Zweigstücken mischen.

Alle organischen, nicht mit Krankheitserregern oder Schadstoffen belasteten Stoffe lassen sich kompostieren.

kompost kompostieren, wo das Material lange genug lagert, damit die Maisstärke zersetzt wird – in Kompostieranlagen oder Schnellkompostern sind die Zeiten dafür jedoch zu kurz, sodass die Tüten nicht befriedigend abgebaut werden. Solche Tüten darf man also nicht in die Biotonne geben.

Zu viel Nässe im Küchenabfall lässt sich mit Wasser aufsaugenden Stoffen wie Rindenkompost oder unbehandelten Sägespänen binden.

Es empfiehlt sich, Putzabfälle, Schalen und Ähnliches in jedem Fall zu zerkleinern und erst dann auf den Kompost zu geben. Schnell lassen sich Schalen, zum Beispiel von Zitrusfrüchten oder Bananen, mit einer Küchenschere zerkleinern. Weiche Putzabfälle von Gemüse oder Obst verrotten schnell, nach wenigen Wochen sind die Strukturen nicht mehr erkennbar. Die Stücke von Bananenschalen erkennt man dann schon noch, sie brauchen mehrere Monate für den Abbau.

Neben Putzabfällen von Obst, Gemüse und Pilzen sowie Eierschalen können auch Nussschalen kompostiert werden, schließlich handelt es sich um organisches Material. Allerdings dauert der Abbau lange.

Geeignete Materialien für den Kompost

- zerkleinerte Putzabfälle von Gemüse, Pilzen und Obst aus der Küche, auch verfaulte, verschimmelte Abschnitte oder Giftiges wie giftige (Schimmel-)Pilze
- Teereste, Teebeutel und Kaffeesatz einschließlich Filterpapier
- fein zerkleinerte Eierschalen
- Gartenabfall, zum Beispiel:
  - Laub
  - Stroh
  - abgeschnittene Blumen, krautige Triebe, verholzte Zweige und Äste, Wurzeln
  - angetrockneter Rasenschnitt
  - ausgerechtes Moos
  - gejätete Pflanzen
- Fallobst, Kastanien
- ausrangierte Topfpflanzen, Blumenerde, ausgediente Sommerblumen mit Wurzelballen
- welke Schnittblumen
- Kleintiermist von Pflanzenfressern
- zerkleinerte Holzabfälle, Sägespäne und Sägemehl von unbehandeltem Holz
- zerkleinerte Pappe von Eierkartons
- Küchenpapier, sofern nicht mit Putzmitteln oder Chemikalien verschmutzt, Papierservietten, Zeitungspapier (um Feuchtigkeit aufzusaugen)
- Wollreste aller Art, Federn, Haare
- Speisereste
- verdorbene Speisereste in bescheidenen Mengen
- biologisch abbaubare Kunststoffe, zum Beispiel aus kompostierbarer Maisstärke (nicht im Schnellkomposter, nicht im Thermokomposter, nicht in der Biotonne)
- Verlegereste oder Altbestände von Linoleum (selbstverständlich klein geschnitten)

Nicht auf den Kompost gehören

- von bestimmten Krankheiten befallene Pflanzenteile
- samentragende Unkräuter, frisch gezogene Wurzelunkräuter
- Hochglanzpapiere
- synthetische Käserinde und Wurstpelle
- Knochen
- größere Mengen gewachster Zitrusschalen
- Speiseöle und Speisefette, Frittierfett
- Straßenkehricht
- Staubsaugerbeutel und deren Inhalt
- Kunststoffmaterialien: Töpfe, Folien, Tüten, Bänder, Schnüre
- Milchtüten, Getränkekartons
- Kork und Korken (werden sehr langsam abgebaut)
- Textilien
- Asche, auch von unbehandeltem Holz
- Zigarettenkippen und Zigarettenasche, Tabakasche
- Kerzenstummel aus Paraffin oder Stearin
- Altöl
- Farbreste und andere Chemikalien
- Reste von Kosmetika, Cremes, Shampoo, Seife, Zahncreme
- Reste von Medikamenten
- Reste von Putzmitteln
- Pflanzenschutzmittel
- Kleintierkadaver
- Fäkalien von Menschen, Windeln
- Katzenkot, Hundekot und Kot anderer Fleischfresser
- gebrauchte Papiertaschentücher
- Reste von behandeltem Holz
- Metallteile und Draht
- Glas
- Tonscherben
- Bauschutt, Steine

Nussschalen bleiben jahrelang im fertigen Kompost sichtbar, ähnlich wie Kerne von Kirschen, Pflaumen, Pfirsichen und Aprikosen.

Kaffeesatz kann zusammen mit dem Filter auf den Kompost, ebenso wie Teefilter und Teebeutel. Kaffeesatz soll Regenwürmer anlocken. Wo größere Mengen davon anfallen, gibt man Kalk hinzu, um den hohen Säuregehalt auszugleichen. Koffein ist ein natürlicher Giftstoff, der zum Beispiel gegen Schnecken wirkt. Im Kompost werden die im Kaffeesatz verbliebenen Reste von den Mikroorganismen abgebaut.

Ohne Bedenken dürfen organische Überreste aller Art aus der Küche auf den Kompost: Mehl, Speisestärke, Getreideflocken und Müsli, Zucker oder Honig, Gewürze, ganze oder gemahlene Nüsse, Nudeln, Brotreste, auch von Lebensmittelmotten befallene Ware und Reste von konservierten pflanzlichen Lebensmitteln wie Marmelade, Kompott oder eingelegtes Gemüse.

Reste von Ölen und Fetten gehören dagegen nicht auf den Kompost. Das gilt für Öle jeglicher Art – egal, ob Speiseöl, Hautpflegeöl, Möbelpflegeöl oder Industrieöl – und für Fette einschließlich Butter oder Margarine.

Unsicherheiten bestehen in Bezug auf Schalen von Zitrusfrüchten. Es besteht die Gefahr, dass sich daran der grüne Schimmelpilz *Aspergillus flavus* bildet, der im Verdacht steht, Krebs zu erregen. Zur Schimmelbildung kommt es jedoch nur unter Luftabschluss. Klein geschnittene Zitrusschalen, die locker zwischen anderem Kompostmaterial liegen, werden zuverlässig abgebaut. Sind sie mit Fungiziden behandelt, wie es bei konventionell angebauten Zitrusfrüchten meist der Fall ist, hemmen diese Substanzen die Mikroorganismen beim Abbau. Die Mengen, die in einem durchschnittlichen Haushalt anfallen, beeinträchtigen den Abbau in einem gut gepflegten Kompost allerdings kaum. Allgemein tragen Zitrusschalen jedoch zur Versauerung bei, größere Mengen, insbesondere kaum zerkleinert, wirft man deshalb – egal, ob aus konventionellem oder ökologischem Anbau – besser nicht auf den Kompost.

Für Bananenschalen gilt, dass sie – sowohl aus konventionellem als auch aus ökologischem Anbau – im Kompost abbaubar sind, man kann sie also zum Kompost geben. Allerdings ist es sehr wichtig, sie vorher klein zu schneiden. Anderenfalls verrotten die Schalen kaum oder nur sehr langsam und schrumpfen eher lederartig schwarz.

Misstrauen besteht häufig auch gegenüber synthetischen Wachsen, mit denen zum Beispiel Zitrusfrüchte (Orangen, Zitronen, Mandarinen, Grapefruits) behandelt sein können. Es sind jedoch keine schädlichen Abbauprodukte zu befürchten. Synthetische Wachse werden ebenso abgebaut wie natürliche Wachse, wie sie zum Beispiel auf Apfelschalen und Porreelaub vorkommen, denen sie nachempfunden sind.

Ebenso werden eventuelle Rückstände von synthetischen Pflanzenschutzmitteln während der Rotte weitgehend abgebaut. Problematisch verhält sich nur DDT, dessen Einsatz in Deutschland seit 1972 verboten ist. Seit 2004 sind Herstellung und Verwendung offiziell weltweit nur noch zur Bekämpfung von krankheitsübertragenden Insekten, zum Beispiel Malariaüberträgern, erlaubt. Synthetische Pflanzenschutzmittel sollten im Hobbygarten generell nicht eingesetzt werden. Wer beim Einkauf zu Bio-Ware greift, ist auch beim Kompostieren auf der sicheren Seite.

Kreislauf zwischen Küche und Garten: Alle Putzabfälle aus der Küche werden zunächst gesammelt, später mit trockeneren Materialien vermischt und kompostiert. Der fertige Kompost versorgt dann wieder die Kulturpflanzen im Garten.

Gartenabfälle

Alles, was im Garten an organischem Material anfällt, kann kompostiert werden, von unerwünschten Sämlingen über ausgeputzte welke Blüten von Sommerblumen und Ernterückstände bis zu Fallobst, Rasenschnitt und Heckenschnitt. Ausnahmen finden Sie ab Seite 55, bei Schnittgut von giftigen Pflanzen muss man keine Bedenken haben. Faserige Stängel und verholztes Material müssen zerkleinert werden auf eine Länge von maximal 8 cm. Dazu muss man das Schnittgut mit der Gartenschere zerkleinern, für Holz kann ein Häcksler praktisch sein (siehe auch ab Seite 99).

Vor allem Gehölze mit langen Dornen oder Stacheln sollte man häckseln, bevor man sie zum Kompost gibt. Denn Dornen und Stacheln verrotten langsam. Bleiben sie erhalten, können sie beim Arbeiten mit Kompost oder überhaupt im Garten zu Verletzungen führen.

Das Falllaub vieler Laubbäume lässt sich leicht kompostieren. Nasses Laub allerdings verklebt leicht. Wenn dann nicht genügend Luft zutreten kann, beginnt es zu faulen. Daher sollte man es zunächst antrocknen lassen. Trockenes Laub kann man zerkleinern, indem man es zum Beispiel auf dem Boden ausbreitet und mit dem Rasenmäher darüber fährt. Laub von Eichen, Kastanien, Platanen oder Walnussbäumen verrottet schlecht. Man mischt es in einem nur geringen Anteil unter oder kompostiert es getrennt. Zum Abdecken von Baumscheiben und Flächen unter Sträuchern eignet es sich jedoch gut. Sogar matschiges, übel riechendes Laub kann noch auf den Kompost, wenn man es mit trockenen Stoffen vermischt. Auch Teichschlamm oder abgefischte Algen aus dem Teich lassen sich kompostieren. Schlecht verrotten Schnittabfälle von Buchs oder Lebensbaum. Dieses Material bringt man am besten zur Grünabfallsammelstelle.

Rasenschnitt wird im Kompost gut abgebaut, doch das geschnittene Gras sollte auf der Fläche zunächst antrocknen. Erst danach wird es zusammengerecht und kommt auf den Kompost, wenn man es nicht als Mulchabdeckung verwendet. Frisch gemähtes Gras mit hohem Wassergehalt klebt zusammen und fault leicht. Das lässt sich vermeiden, wenn man etwas Pappe und Papier untermischt. Dieses Vorgehen bietet sich an, wenn man das Gras nicht auf der Fläche antrocknen lassen kann, weil man es zum Beispiel im Sammelbehälter des Rasenmähers von der Fläche aufgenommen hat und zum Trocknen nicht extra ausbreiten kann oder möchte. Andere geeignete Beimischungen zu feuchtem Gras oder Laub sind Sägemehl, Sägespäne und trockenes Stroh.

Heu von gemähten Wiesen eignet sich nicht gut als Kompostmaterial. Da erst nach der Blüte der Wiesenblumen geschnitten wird, enthält es Unmengen an Kräutersamen, deren Keimfähigkeit beim Kompostieren teilweise erhalten bleibt. Mit dem Kompost würde man Wiesenblumen im ganzen Garten aussäen.

Stroh von Getreide sollte nur in Mischungen mit stickstoffreichen Materialien wie Grasschnitt, Bohnenstängeln oder Lupinen auf den Kompost gelangen.

Topfpflanzen und Schnittblumen

Selbstverständlich verrotten auch ausgediente Topfpflanzen, einschließlich der Wurzelballen, und Schnittblumen auf dem Kompost. Falls man diese Pflanzen nicht selbst gezogen hat oder weiß, unter welchen Bedingungen sie herangewachsen sind, sollte man bedenken, dass ein Anbau häufig in anderen Ländern stattfindet, wo die Umweltauflagen weniger streng als hierzulande sind. Gerade Schnittblumen, die aus konventionellen Kulturen in Afrika, Südamerika oder Südostasien stammen, sind oft mit Pestiziden behandelt worden, die hierzulande nicht zugelassen sind. Man kann allerdings davon ausgehen, dass diese Verbindungen bei der Rotte weitgehend abgebaut werden.

Mist

Die Ausscheidungen von Haustieren und Nutztieren wurden und werden in der Landwirtschaft traditionell auf die Felder ausgebracht. Ihr Nutzen im Hinblick auf die Ertragssteigerung war und ist bekannt. Dem heutigen Gartenbesitzer steht jedoch kaum mehr Stallmist zur Verfügung. Falls doch, sollte man sich vor einer Nutzung sicher sein, dass die Tiere nicht mit Antibiotika behandelt worden sind. Diese Stoffe werden bei der Rotte zwar abgebaut, sie können sich jedoch zunächst ungünstig auf die Lebewesen im Kompost auswirken.

Mist von pflanzenfressenden Kleintieren wie Hamstern, Meerschweinchen, Stallhasen oder Kaninchen kann ohne Bedenken sogar frisch auf den Kompost. Das gilt auch für die Einstreu der Behausungen dieser Tiere, sofern es sich um biologisch abbaubare Stoffe wie Stroh handelt. Je nach Material gilt dies auch für den Inhalt von Katzenkisten, sofern das Material nicht durch Kot und Urin der Katze verschmutzt ist: Der Katzenkot selbst sollte nicht auf den Kompost gelangen. Einstreu aus unbehandeltem Sägemehl und Hobelspänen eignet sich gut, bei handelsüblicher Streu muss man darauf achten, dass es sich um biologisch abbaubare Stoffe handelt. Im Handel erhältliche Einstreumaterialien auf Granulatbasis sind nicht kompostierbar. Diese gehören in die Restmülltonne.

Vorsicht ist bei Geflügelmist, zum Beispiel von Hühnern, geboten. Er enthält besonders viel löslichen Stickstoff und Phosphor, zudem wirkt er sehr scharf. Er sollte nur gut abgelagert auf den Kompost gelangen, frisch nur in Beimengungen und kleinen Mengen. Mist größerer Pflanzenfresser – von Schafen, Pferden oder Rindern – darf auch frisch auf den Kompost. Mist von Schweinen für sich allein eignet sich dagegen nur gut abgelagert, frisch nur als Beimengung. Mist sollte man gesondert kompostieren.

Holzabfälle

Sägemehl und Hobelspäne von unbehandeltem Holz lassen sich gut kompostieren. Da sie wenig Stickstoff enthalten (siehe auch ab Seite 60), sollte man sie mit stickstoffreichen Materialien, zum Beispiel Grasschnitt, trockenen Stängeln von Bohnen, Erbsen oder Lupinen, mischen.

Papier und Pappe

Zerkleinerte Wellpappe oder auseinandergerupfte Eierkartons eignen sich gut, um überschüssige Feuchtigkeit im Kompost zu binden. Papier verrottet auf dem Kompost, das Recycling über die Altpapiersammlung ist jedoch sinnvoller (siehe auch Seite 14). Benutztes Vliespapier von Küchenrollen darf kompostiert werden, sofern es nicht mit Chemikalien oder Putzmitteln getränkt ist.

Wolle und Haare

Alle organischen Stoffe, die nicht chemisch verändert sind, eignen sich für den Kompost. Dazu gehören Federn, Fingernägel und Zehennägel, Wolle und Haare. Wegen der festen Strukturen dauert der Abbau recht lange.

Speisereste aus der Küche

Überreste von Speisen oder verdorbene Lebensmittel dürfen in bescheidenen Mengen auf den Kompost gelangen. Auch Milchprodukte wie Joghurt, Speisequark oder Frischkäse werden abgebaut. Man muss sie jedoch gut mit anderen Materialien mischen und zudecken. Sie dürfen keine Klumpen bilden, sonst faulen sie und stinken erbärmlich.

Immer wieder heißt es, Käse, Fleisch und Fisch gehörten nicht auf den Kompost, denn sie könnten Ratten anlocken. Korrekt müsste es heißen, dass große Stücke von Käse, Fleisch und Fisch nicht auf den Kompost kommen dürfen. Kleine Stücke bieten für die Mikroorganismen im Kompost jedoch genug Angriffsfläche, sodass die Teile bei einer guten Durchlüftung zügig zersetzt werden. Fleisch muss man in etwa 1 cm große Würfel schneiden, Käse sollte man noch stärker zerkleinern. Das tierische Eiweiß wird sogar schneller abgebaut als pflanzliche Zellulose, doch die Materialien müssen stets gut mit faserigen Stoffen vermischt sein.

Gekochte Speisen und alles Material, das tierisches Eiweiß enthält, muss zudem immer gut bedeckt werden. Am besten schiebt man es in die Mitte des Haufens.

Achtung: Hinsichtlich Biotonne und Speisereste gibt es von Gemeinde zu Gemeinde unterschiedliche Vorschriften. Gekochte, pflanzliche und tierische Küchenabfälle, auch Saucen, Suppen, gekochte Nudeln, angemachte Salate und Brot, dürfen mitunter nicht in die Biotonne gegeben werden, um dort die Vermehrung von Schimmelpilzen zu verhindern, die immunschwache Menschen gefährden können. Eigene sachgerechte Kompostierung ist jedoch gestattet.

Ungeeignete Materialien für den Kompost

Was nicht von Mikroorganismen abgebaut werden kann, gehört nicht auf den Kompost. Das ist im Grunde logisch, und doch gibt es Unsicherheiten und Missverständnisse. Ein Beispiel dafür sind die biologisch abbaubaren Kunststoffe, die man nicht in die Biotonne geben darf. Der Grund dafür ist, dass sie zum Abbau mindestens zehn Wochen benötigen. Diese Zeit wird jedoch in den Kompostwerken nicht erreicht, in denen die Inhalte der Biotonnen verarbeitet werden. Auch von Schnellkompostern und Thermokompostern, in denen ein schnellerer Stoffumsatz angestrebt wird, sollte man sie fernhalten. Beim offenen Kompost im Garten dauert der Rottevorgang deutlich länger, biologisch abbaubare Kunststoffe darf man dort unterbringen.

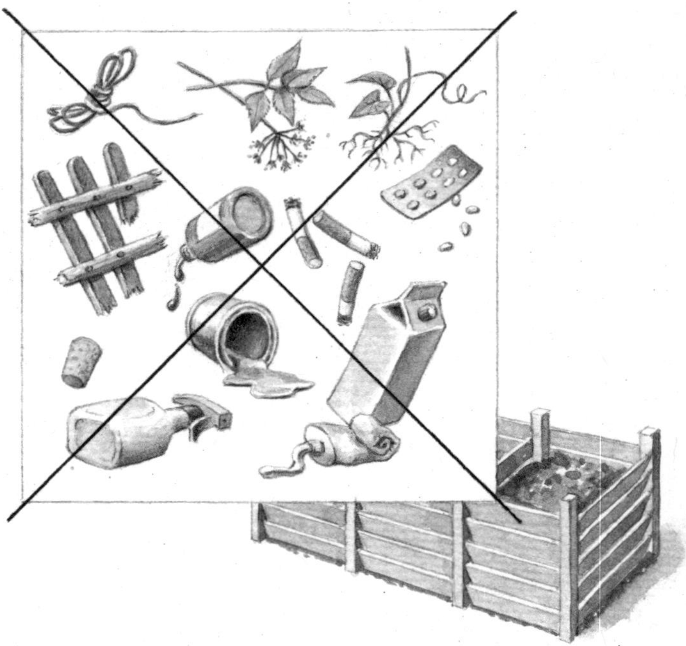

Nicht kompostieren: Alle nicht organischen Materialien, schadstoffbelastete Stoffe und samentragende Pflanzenteile gehören nicht auf den Kompost.

Kranke Pflanzenteile

Unsicherheiten bestehen im Hinblick auf kranke Pflanzenteile. Darf man sie kompostieren oder muss man sie grundsätzlich aus dem Garten entfernen? Niemand will riskieren, Krankheiten und Schädlinge im Garten zu verteilen. Andererseits liegen nicht viele Erkenntnisse darüber vor, wie Krankheitskeime im Kompost überdauern. Untersuchungen wurden in gewerblichen Kompostieranlagen durchgeführt, wo das gesamte Kompostmaterial auch in den Randzonen über längere Zeit hohen Temperaturen von 50 bis 60 Grad ausgesetzt ist. Bei einer solchen Heißrotte in Verbindung mit einem hohen Feuchtigkeitsgehalt werden sowohl Krankheitskeime als auch Unkrautsamen zerstört. Unter diesen Bedingungen haben sogar Krankheitserreger mit widerstandsfähigen Dauerstadien oder der Erreger der Feuerbrandkrankheit, das Bakterium *Erwinia amylovora,* keine Überlebenschance. Doch im kleinen Komposthaufen im Garten werden diese Temperaturen im Außenbereich selbst bei sachgerechter Kompostierung nicht erreicht. Und selbst dort, wo es zur Erhitzung kommt, reicht die Dauer dieser Einwirkung nicht aus, um die in der folgenden Liste genannten Schaderreger zu zerstören.

Vom Kompost fern hält man Pflanzenteile, die von schwer zu bekämpfenden Krankheiten betroffen sind:

- ▹ Pflanzen, die von der Kohlhernie befallen sind. Man erkennt diese Krankheit der Kohlgewächse an den unförmig verdickten Wurzeln. Die Sporen des bakteriellen Erregers sind sehr widerstandsfähig.
- ▹ Vom Pilz *Sclerotinia* befallene Gemüsepflanzen wie Möhren, Sellerie, Rettich, Kohl, Gurke. Der Pilz ruft Wurzelfäule, Sprossfäule und Fruchtfäule hervor, an den Faulstellen entsteht ein watteartiges weißes Pilzgeflecht, in dem sich harte, schwarze Dauersporen befinden.
- ▹ Tomaten und Kartoffeln, die von Kraut- und Knollenfäule *(Phytophthora infestans)* befallen sind.
- ▹ Sicherheitshalber alle Pflanzen, die von Welkekrankheiten und Auflaufkrankheiten betroffen sind (Erreger der Gattungen *Phytophthora, Pythium, Verticillium, Fusarium, Didymella).*
- ▹ Himbeertriebe und Brombeertriebe, die von der Rutenkrankheit befallen sind.

- Rosengewächse, die vom Feuerbrand befallen sind. Feuerbrand ist meldepflichtig!
- Pfirsichzweige, die von der Kräuselkrankheit befallen sind.
- Knollengewächse und Zwiebelpflanzen mit Weichfäule.
- Sicherheitshalber alle Pflanzen, die von Gemüsefliegen (Kohlfliege, Möhrenfliege, Zwiebelfliege) befallen sind.

Für all dieses Pflanzenmaterial stehen Biotonnen zur Verfügung oder Grünabfallsammelstellen. Weil bei der Kompostierung in großen Mieten höhere Temperaturen als im häuslichen Kompost entstehen, kann man problematische Abfälle ohne Bedenken über die kommunalen Sammelstellen entsorgen. Material im Freien zu verbrennen, ist im Siedlungsbereich verboten.

Andere schädliche Lebensformen werden im Kompost zerstört. Geschädigte Pflanzen können auf den Kompost, sofern sie von folgenden Krankheiten befallen sind – obwohl davon oft abgeraten wird:

- Mehltau
- Rost, auch Birnengitterrost
- Sternrußtau (Rosen)
- Blattfleckenkrankheiten
- Schorf (zum Beispiel Äpfel, Birnen)
- Moniliafruchtfäule
- Moniliaspitzendürre (zum Beispiel Zweige von Sauerkirschen, Mandelbäumchen und anderen)
- Rotpustelkrankheit
- Fäule durch holzzerstörende Pilze
- Grauschimmel *(Botrytis)*
- Braunfäule (zum Beispiel an Blüten)

Schädlingsbefall

Ein Befall mit Schädlingen stellt für die Kompostierung kein Problem dar. Die Insekten sterben bei der Kompostierung, sofern sie nicht zuvor schlüpfen und ausfliegen. Im Falle eines Schlupfs verteilen sie sich in der Umgebung, worauf der Gärtner keinen Einfluss hat. Pflanzenteile, die von Blattläusen, Spinnmilben, Weißer Fliege oder Schmetterlingsraupen befallen sind, Raupen oder Eier von Schädlingen tragen, können daher ohne Bedenken auf den Kompost. Das gilt gleichfalls für Blätter, in denen Minierfliegen oder Miniermotten leben oder ihre Gänge gefressen haben.

Unkräuter

Krautiger Aufwuchs von unerwünschten Beikräutern bereitet keinerlei Probleme im Kompost. Frische Wurzeln von Wurzelunkräutern muss man allerdings vom Kompost fernhalten: Quecken, Giersch und Winden treiben aus kleinsten Wurzelstücken wieder aus. Man sollte sich davor hüten, sie mit dem Kompost im Garten zu verteilen. Man kann die Wurzeln aber einige Tage lang in der Sonne zum Trocknen auslegen und dann kompostieren oder man vergärt sie in einem Eimer Wasser.

Die Wurzeln von Wurzelunkräutern und die Samen von Unkräutern verrotten in den großen Mieten der Abfallwirtschaftsbetriebe ähnlich wie die Krankheitserreger, sodass man sie zum Beispiel auch in die Biotonne geben kann.

Unkrautsamen sterben zwar auch bei der Kompostierung im Hausgarten ab, aber durch die dort geringere Wärmeentwicklung eben nicht alle. Die Samenstände von Unkräutern wirft man daher möglichst nicht auf den Kompost, sondern gibt sie in den Biomüll oder zur Grünabfallsammelstelle, will man ihre Samen mit dem Kompost nicht im Garten verteilen.

Diskutiert wird derzeit noch die korrekte Entsorgung der Beifuß-Ambrosie *(Ambrosia artemisiifolia)*. Die auch Traubenkraut genannte einjährige Pflanze breitet sich in Mitteleuropa immer weiter aus. In Verruf geriet sie, weil ihr Pollen zu den stärksten Allergieauslösern gehört. Während ihrer Blütezeit zwischen Juli und Oktober kann sie heuschnupfenartige Symptome oder Asthma hervorrufen. Dafür reichen kleinste Pollenmengen oder Hautkontakt aus. Daher ist es wichtig, die weitere Verbreitung der Pflanze zu verhindern. Die Pflanze, die man mit Handschuhen(!) ausgerissen hat, darf auf den Kompost, für die Samenstände wird momentan empfohlen, sie über die Restmülltonne zu entfernen.

Schadstoffe vermeiden

Um eine Anreicherung des Bodens mit Schadstoffen zu vermeiden, gehören bestimmte Materialien nicht auf den Kompost. Kehricht von der Straße etwa kann Abrieb von Reifen und Rückstände von Kraftstoffen enthalten. Auch Laub von Gehölzen an stark befahrenen Straßen kann mit Schwermetallen belastet sein. Wird damit bereiteter Kompost im Garten ausgebracht, reichern sich diese Schadstoffe im Boden an.

Immer wieder wird diskutiert, ob Asche auf den Kompost darf oder nicht. Bei Kohlenasche ist die Antwort einfach: Sie kann Schwermetalle enthalten und gehört in die Restmülltonne. Auch behandeltes Holz kann Schadstoffe enthalten, Asche solcher Hölzer bleibt grundsätzlich besser aus dem Garten fern. Sogar Asche von unbehandeltem Holz kann Schwermetalle aufweisen, die sich im Boden anreichern können. Man sollte sie möglichst nicht im Garten verwenden, auch wenn sie Mineralstoffe enthält, die den Pflanzen als Nährstoffe dienen. In der Biotonne ist Asche jeglicher Art häufig nicht erlaubt.

Wegen des möglichen Gehalts an Schadstoffen scheiden auch volle Staubsaugerbeutel, Altöl und Farbreste aus. Ebenso weiß man bei konventionell hergestellten Textilien – selbst wenn sie aus Naturmaterialien wie Baumwolle bestehen – nie, womit sie behandelt worden sind. Schädliche Wirkungen können auch Reste von Pflanzenschutzmitteln nach sich ziehen. Solche Stoffe gehören in die Problemabfallsammlung.

Immer noch liest man, farbig bedrucktes Papier enthalte Schwermetalle und dürfe daher nicht kompostiert werden. Diese Aussage trifft heute meist nicht mehr zu. Farbig bedrucktes Papier sowie Hochglanzpapiere enthalten nach Aussagen der deutschen Papierindustrie und Druckindustrie keine Schadstoffe mehr, sofern sie hierzulande bedruckt wurden, und auch Umweltverbände lassen dies verlautbaren. Früher enthielten Druckerfarben Kadmium, das nunmehr vermieden wird. Dennoch könnten Probleme mit Abbauprodukten der bei der Farbherstellung, bei Druck und Bindung der Druckerzeugnisse verwendeten Bindemittel, Harze, Wachse und Netzmittel entstehen. Genaue Untersuchungen darüber gibt es bisher nicht. Allerdings benetzt sich bedrucktes Papier schwer. Wasserabweisendes Papier verrottet ganz schlecht. Welche Farben beim Bedrucken von Papier und anderen Gebrauchsgegenständen außerhalb Europas zum Einsatz kommen, ist zudem ungewiss, denn nicht überall gelten die gleichen Umweltauflagen wie hierzulande. Giftige Substanzen und Schwermetalle lassen sich in solchen Fällen nicht ausschließen.

Keine Kunststoffe

Damit hochwertiger Humus entsteht, dürfen Materialien aus nicht biologisch abbaubaren Kunststoffen nicht auf den Kompost. Dazu zählen zum Beispiel synthetische Käserinden und Wurstpellen sowie alle Formen von Folien, wie sie auch in Getränkekartons (Tetrapaks) verarbeitet werden. Kunststofftöpfe, Baumbinder, Pflanzenetiketten, Tüten und Müllbeutel aus Kunststoff verrotten ebenso wenig wie Tonscherben, Glas, Porzellan, Bauschutt und Steine.

Für Hygiene sorgen

Die öffentliche Abfallberatung rät, keine durch Kot und Urin verschmutzten Anteile der Einstreu aus Katzenkisten zu kompostieren. Es kann die Gefahr bestehen, dass Toxoplasmosekeime übertragen werden. Außerdem halten sich die verklumpten Brocken nachhaltig im Kompost, weil die zersetzenden Mikroorganismen keinen Zugang zum Material bekommen. Die Ausscheidungen von Katzen gehören ebenso wie diejenigen von Hunden und anderen Fleischfressern am besten in den Restmüll (siehe auch Seite 52). In vielen Gemeinden ist die Entsorgung von Katzenstreu über die Biotonne auch eindeutig unerwünscht oder untersagt. Wer darauf vertrauen will, dass alle Anteile der Katzenkiste im Kompost abgebaut werden, darf den gesamten Inhalt dagegen im eigenen Garten kompostieren. Allerdings gelingt der Abbau nur, wenn die Klumpen zerkleinert werden.

Auch große Fleischbrocken kommen für den Kompost nicht in Frage. Sie würden faulen und stinken, was aasfressende Insekten und Ratten anlockt. Knochen gehören ebenfalls nicht auf den Kompost, man wirft sie in die Restmülltonne. Auch Kleintierkadaver sind keine geeigneten Kompostmaterialien. Menschliche Fäkalien dürfen aus Hygienegründen nicht auf den Kompost. Gebrauchte Papiertaschentücher und Windeln wirft man in den Restmüll.

Den Kompost aufsetzen

Die verschiedenen Ausgangsstoffe für den Kompost besitzen unterschiedliche Eigenschaften. Während Putzabfälle aus der Küche und Fallobst hohe Wasseranteile mitbringen, sind dürres Laub und klein geschnittene Zweige ausgesprochen trocken. Letztere sind aus einem festen Gerüst von langkettigen Kohlenstoffverbindungen wie Lignin oder Zellulose aufgebaut. Krautige Pflanzenteile dagegen enthalten mehr Eiweißstoffe, deren Bauteile, die Aminosäuren, den notwendigen Stickstoff für die Ernährung der Bodenmikroorganismen liefern.

Wasserreiche, eiweißhaltige Substanzen werden daher leichter abgebaut als trockene, kohlenstoffreiche Materialien. Stroh, Laub und Astwerk verrotten nur zögerlich, wenn kein Stickstoff zugeführt wird. Beim Mischen von Stoffen kommt es daher darauf an, ein gutes Verhältnis von Kohlenstoff (C) und Stickstoff (N) zu finden. Je mehr Kohlenstoff im Vergleich zu stickstoffhaltigen Verbindungen im Kompostmaterial vorhanden ist, desto zögerlicher verläuft der Abbau durch die Mikroorganismen. Ausgedrückt wird dieses Verhältnis im zahlenmäßigen Vergleich von Kohlenstoffatomen zu Stickstoffatomen, dem C/N-Verhältnis.

Die Zahlen in der Tabelle auf der rechten Seite geben nur Hinweise zur Orientierung. So lässt sich zum Beispiel ablesen, dass Nadeln von Koniferen ein engeres C/N-Verhältnis (30 : 1 bis 50 : 1) aufweisen als Blätter von Laubbäumen (40 : 1 bis 50 : 1). Sägemehl hat ein extrem weites Verhältnis von Kohlenstoff zu Stickstoff (510 : 1), es enthält weit mehr Kohlenstoff als Stickstoff. Sägemehl kann man also stickstoffreichen Abfällen untermischen. Bei einem großen Anteil von Sägemehl muss man für eine gute Rotte dagegen Stickstoff zuführen. Das kann zum Beispiel mit Harnstoff oder Kalkstickstoff geschehen.

Im Idealfall beträgt das Verhältnis von Kohlenstoff zu Stickstoff 20 : 1 bis 30 : 1. Bei einem weiteren C/N-Verhältnis verlangsamt sich die Rotte, bei einem engeren geht vermutlich Stickstoff verloren. Ein gut verrotteter Kompost hat ein C/N-Verhältnis von etwa 15 : 1. Als Gärtner entwickelt man mit der Zeit ein gewisses Fingerspitzengefühl für eine gute Mischung.

Falls möglich, sollte man die verschiedenen Materialien vor dem Aufsetzen des Kompostes mehr oder weniger getrennt voneinander sammeln.

Verhältnis von Kohlenstoff (C) zu Stickstoff (N) in organischen Materialien (C/N-Verhältnis)

Kompostmaterial	C/N-Verhältnis
Hornspäne	3:1
Hühnermist	8:1
Mistkompost	10:1
pflanzliche Küchenabfälle	10:1 bis 25:1
Rasenschnitt	12:1 bis 20:1
Leguminosen-Gründüngungsmasse	15:1 bis 25:1
Stallmist	20:1 bis 25:1
grüne Gartenabfälle	20:1 bis 60:1
Kartoffelkraut	25:1
Koniferennadeln	30:1 bis 50:1
trockenes Laub	40:1 bis 50:1
Getreidestroh	50:1 bis 150:1
Rinde	100:1 bis 150:1
Papier	100:1 bis 200:1
Holzasche	200 bis 500:1
Holzspäne	500:1
Sägemehl	510:1

(nach Seitz, von Heynitz 1998 und Sulzberger 2003)

Für gutes Gelingen kommt es auch auf die richtige Mischung von grobem und feinem Material an. Damit die Organismen eine große Angriffsfläche vorfinden, muss alles ausreichend zerkleinert werden. Mit der Gartenschere schneidet man Abfälle aus dem Garten in Stücke, die 5 cm bis höchstens 8 cm lang sind. Um dickere Äste zu zerstückeln, nimmt man eine Astschere oder einen Häcksler, den man nicht zwingend anschaffen muss; man kann so ein Gerät gelegentlich auch ausleihen.

Sehr feines oder sehr klein geschreddertes Material lagert für sich allein zu dicht und lässt zu wenig Sauerstoff an seine Oberfläche. Man sollte es deshalb mit groben Strukturen vermengen. Feuchte, verklebte, zusammengebackene Klumpen dürfen sich beim Aufsetzen nicht bilden, sie würden bald zu faulen beginnen, weil nicht genug Sauerstoff hinzutritt. Feuchte Küchenabfälle werden daher im Wechsel mit trockenen Materialien aufgeschichtet.

Beim Aufsetzen wird alles Material gründlich gemischt. Ganz unten sollte eine Schicht aus grobem Material liegen, etwa aufgeschichtete Äste, damit Luft eindringen kann. Auf das grobe Material kommt die erste, 15 bis 20 cm dicke Schicht zerkleinerter, gut vermischter organischer Abfälle. Darauf streut man etwas Algenkalk und zur Stickstoffversorgung der Mikroorganismen bei Bedarf Hornmehl, Hornspäne, Rizinusschrot oder klein geschnittene Brennnesseln, vielleicht auch Kleintiermist. Dazu kann Urgesteinsmehl oder Tonmehl (zum Beispiel Bentonit) kommen und schließlich bringt man etwas Gartenerde oder ein wenig fertigen Kompost (als Kompoststarter) auf. Wenn nötig, wird das Material angefeuchtet, am besten mit Brennnesseljauche, ansonsten mit Regenwasser. Darauf folgen nun weitere ebenso aufgebaute Schichten organischer Abfälle bis in eine Höhe von maximal 130 cm. Über dem Haufen kann man einen dünnen Erdmantel aufbringen; eine luftdurchlässige Abschlussdecke, etwa aus Gras, Laub, Bambusmatten oder Jutesäcken, begünstigt die Wärmeentwicklung im Inneren. Wenn die Temperatur im Inneren zu Beginn der Rotte auf über 60 Grad ansteigt, werden schädliche Keime und Unkrautsamen teilweise abgetötet. Eine Abdeckung sorgt auch dafür, dass die Rotte in den Wintermonaten weiter vorangeht. Luftundurchlässige Materialien, etwa eine Kunststoffplane, eignen sich nicht zur Abdeckung.

Steht kein Abdeckmaterial für den Komposthaufen zur Verfügung, kann man je nach Jahreszeit Sommerwicken oder Winterwicken einsäen. Wenn die Pflanzen zu blühen beginnen, werden sie abgeschnitten und bleiben als Decke auf dem Kompost liegen. Auch die Blätter von Kürbispflanzen oder Gurken decken den Kompost ab. Man sollte diese Pflanzen allerdings nicht direkt auf den Komposthaufen pflanzen, weil sie ihm dann Nährstoffe entziehen. Man setzt sie besser an den Fuß des Kompostes, wo sie die Sickersäfte nutzen.

Ein zu trockener Haufen erhitzt sich zu schnell und schimmelt. Sinkt der Wassergehalt unter 25 Prozent ab, kommt der Rotteverlauf zum Erliegen. In heißen, trockenen Sommerwochen kann es deshalb notwendig werden, den Kompost zu gießen.

Doch auch ein Zuviel an Nässe erweist sich als ungünstig. Es kommt dann zu Fäulnis, der Kompost stinkt. Der richtige Feuchtigkeitsgehalt ist erreicht, wenn sich der aufgesetzte Kompost anfühlt wie ein nasser, ausgedrückter Schwamm, Pflanzenblätter weder vor Trockenheit rascheln noch von einem weißen, pelzigen Schimmelbelag überzogen sind und Ästchen bei Druck und Spannung nicht gleich brechen. Ein Übermaß an Feuchtigkeit lässt sich mit Sägemehl oder Pappe aufsaugen.

Der beste Kompoststarter ist alter Kompost. Käufliche Kompoststarter erübrigen sich in diesem Fall oder brauchen nur bei der ersten Kompostierung zugesetzt zu werden. Auch Kompostwürmer muss man zum Starten der Kompostierung nicht extra kaufen, es sei denn, man will speziellen nährstoffreichen Wurmhumus herstellen (siehe auch ab Seite 103).

Schnittmaterial von Gehölzen lässt sich auch gut im Totholzzaun verwerten: Pflöcke werden in zwei Reihen gegeneinander versetzt eingeschlagen. Dazwischen schichtet man Äste und Zweige auf. Da das Material verrottet, sackt es zusammen, man muss immer wieder Holz neu aufschichten.

Der Verlauf der Rotte

Unmittelbar nach dem Anhäufen organischer Stoffe beginnen biochemische Reaktionen. Der Oberbegriff »Verwesung« fasst alle mikrobiellen Abbauvorgänge zusammen. Als »Fäulnis« werden Prozesse bezeichnet, die ohne Luftzutritt stattfinden, man nennt sie anaerob. Erkennbar werden sie, wenn übel riechende Stoffwechselprodukte wie Methan, Schwefelwasserstoff, Ammoniak oder Buttersäure entstehen. Verläuft der Abbau bei genügender Sauerstoffzufuhr mit Luft atmenden Bodenlebewesen – das nennt man aerob –, spricht man von »Rotte«. Sie wird für alle Kompostierungsvorgänge angestrebt. Charakteristisch dafür ist ein angenehmer Geruch nach Walderde, den vor allem die Strahlenpilze bewirken.

Durch die Oxidationsvorgänge bei der Rotte werden erhebliche Wärmemengen frei. Aufgehäufter Rasenschnitt erhitzt sich zum Beispiel schon nach wenigen Stunden. Die Rotte verläuft in charakteristischen Teilabschnitten, wobei jeweils unterschiedliche Gruppen von Bodenlebewesen in den einzelnen Phasen des Stoffumbaus eine wesentliche Rolle spielen. Sie verändern dabei die Umgebungsbedingungen, wodurch im Anschluss andere Arten genau die Nahrung und den Lebensraum finden, um sich besonders gut entwickeln zu können.

Die Rotte verläuft zunächst sehr schnell, sie verlangsamt sich in den späteren Entwicklungsabschnitten. Die einzelnen Phasen werden in der Wissenschaft unterschiedlich benannt, allgemeingültige Definitionen der Bezeichnungen gibt es nicht. Die folgenden Abschnitte geben einen Überblick über den Rotteverlauf.

Abbauphase oder Vorrotte

In der ersten bis dritten Woche werden leicht abbaubare Eiweiße und Zucker von einer Vielzahl von Mikroorganismen, vor allem von Bakterien und Pilzen, zerlegt. Gut zerkleinerte und günstig gemischte Kompostmaterialien bieten für diese Mikroorganismen eine große Angriffsfläche, der Abbau verläuft dadurch rasch. Innerhalb weniger Tage kann die Temperatur in einem größeren Komposthaufen im Inneren bis auf 70 Grad ansteigen. Mit steigenden Temperaturen sterben die Mikroorga-

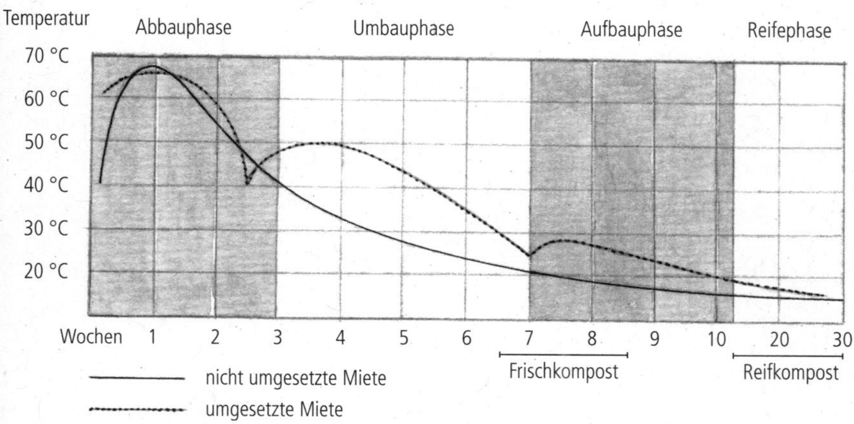

Nach dem Aufsetzen steigt die Temperatur im Kompost rasch an und fällt im Verlauf des Zersetzungsprozesses allmählich ab. Nochmaliges Umsetzen setzt die Abbauvorgänge wieder in Gang, die Temperatur steigt erneut.

nismen der ersten Phase ab und neue Mikroorganismen treten auf. Bei Temperaturen zwischen 50 und 65 Grad entwickeln sich wärmeliebende Pilze, Bakterien und Strahlenpilze. Bei Temperaturen über 65 Grad treten Sporen bildende Bakterien auf. Zwischen dem dritten und siebten Tag wird bei Gartenkompost das Temperaturmaximum von 50 bis 70 Grad erreicht. Durch diese Hitzeentwicklung werden Unkrautsamen, Keimlinge und Schadorganismen teilweise abgetötet. Bei kühler Witterung zeigt sich die Erhitzung dadurch, dass der Kompost regelrecht dampft. Der pH-Wert sinkt leicht, denn bei der schnellen Umsetzung der leicht abbaubaren Substanzen reichern sich organische Säuren an.

Am Ende der Abbauphase ist das Rottegut in seine Grundbausteine zerlegt, sodass die abbauenden Mikroorganismen ihre Tätigkeit einstellen und sterben. Sie dienen jetzt weiteren Organismen als Nahrung. Die Temperatur sinkt. Das Rottegut hat sich dunkel verfärbt, saftige, »grüne« Ausgangsstoffe sind nicht mehr erkennbar.

Umbauphase

Mit dem fortschreitenden Abbau leicht zersetzbarer Substanzen während der dritten bis siebten Woche sinkt die Temperatur im Kompost langsam auf etwa 35 Grad ab. Das Pilzwachstum nimmt zu, während zuvor die Bakterien dominierten. Vorwiegend Pilze besorgen den Abbau schwerer verwertbarer Bestandteile der pflanzlichen Zellwand, zum Beispiel von Zellulose und Pektin. Organische Säuren werden abgebaut, es kommt zur Freisetzung von Alkalielementen (Natrium, Kalium) und Erdalkalielementen (Magnesium, Kalzium). Dadurch steigt der pH-Wert wieder an. Es entsteht Ammoniak, das als Gas freigesetzt wird. Das C/N-Verhältnis wird enger. Während der Umbauphase liegt die Temperatur im Inneren des Kompostes zwischen 30 und etwa 45 Grad.

Aufbauphase

Nach dem weitgehenden Abbau der leicht zersetzbaren organischen Materialien geht zwischen der achten und zwölften Woche die mikrobielle Tätigkeit zurück. Hutpilze bauen das im Holz und in verholzten Pflanzenteilen vorkommende Lignin langsam ab. Bei Kompostinnentemperaturen um 20 Grad erfolgt eine stärkere Besiedelung durch Kleintiere, zum Beispiel Nematoden, Springschwänze, Milben, Tausendfüßer, Asseln und Kompostwürmer. Sie alle tragen zur Zerkleinerung der Stoffe und zum Aufbau stabiler Huminstoffe bei, organische und mineralische Bestandteile werden vermengt. Der Kompost färbt sich zusehends dunkler. Diese Entwicklung dauert mehrere Monate. Am Ende hat man einen pflanzenverträglichen Frischkompost, den man als Mulch ausbringen kann. Krautige Pflanzenteile sind nun kaum mehr zu erkennen, holziges Material behält seine Grundstruktur noch bei. Es gibt keine definierte Grenze, die Übergänge sind fließend.

Reifephase oder Stabilisierung

Die Temperatur im Inneren des Kompostes gleicht sich ab der dreizehnten Woche der natürlichen Bodenwärme an, der Sauerstoffbedarf des Kompostes hat sich gesenkt, der pH-Wert pendelt sich in einem neutralen Bereich um 7 ein. Es kommt jetzt kaum mehr zu Fäulniserscheinungen. Humusbildung und Mineralisierung werden abgeschlossen.

Stabile Humusstoffe bewirken die typische dunkle Färbung der Komposterde. Das Produkt ist krümelig, erdig und riecht nach Waldboden. Dieser Reifkompost hat ein C/N-Verhältnis von etwa 20:1. Mit Ausnahme von holzigen Teilchen sind keine Bestandteile des ursprünglichen Rottegemisches mehr erkennbar. Diese Teile kann man je nach Wunsch aussieben und einem erneuten Rotteprozess aussetzen. Reifkompost eignet sich für eine Anwendung an allen Stellen im Garten.

Vererdung

Die Vererdung des reifen Kompostes zieht sich über längere Zeit hin. Die Kompostwürmer verschwinden, dafür kommen Gewöhnliche Regenwürmer zahlreich vor. Wenn alles Material zu krümeliger Erde umgewandelt ist, hat man einen alten Kompost, aus dem viele Nährstoffe ausgewaschen sind. Es handelt sich dann immer noch um ein gutes Bodenverbesserungsmittel.

Der Kompost im Winter

Bei niedrigen Temperaturen verlaufen die Rottevorgänge sehr verlangsamt. Der Kompostwurm bleibt aktiv, solange kein Frost herrscht. Bei Temperaturen unter 0 Grad stirbt der Kompostwurm ab, er sucht nach Möglichkeit wärmere Bereiche auf. Um die Tiere nicht zu schädigen, sollte man den Kompost bei Minustemperaturen nicht bewegen. Gliedertiere schränken ihre Tätigkeit bei Temperaturen unter 8 Grad stark ein.

Um die Temperatur im Kompost während der Wintermonate hoch zu halten, kann man ihn mit einer mehrlagigen Bastmatte oder einer dicken Schicht Stroh abdecken. Auch ein Umsetzen zur Herbstmitte trägt zu einer höheren Temperatur bei. Küchenabfälle mit hohem Wassergehalt gefrieren bei Minustemperaturen, tauen aber bei steigenden Temperaturen wieder auf und erleiden keine Nachteile. Hungrige Tiere suchen gerade im Winter oft den Kompost auf, Vögel verstreuen Teile in alle Richtungen. Dagegen hilft eine Abdeckung, wenn das stört.

Falls gegen Ausgang des Winters die Rotte zum Erliegen gekommen ist, regt erneutes Umsetzen und Befeuchten die Abbauvorgänge wieder an.

Umsetzen des Kompostes

Während die Phasen des Abbaus und des Umbaus in der inneren Rottezone ablaufen, verdichtet sich diese Zone. Dadurch wird Sauerstoff knapp, wodurch die Organismen nur noch eingeschränkt arbeiten können, die Rottevorgänge können zum Erliegen kommen. Durch das Umsetzen des Kompostes bringt man sie wieder in Gang (siehe Abbildung Seite 65). Da sich außerdem die Randzonen nicht so stark wie die innere Zone erhitzen, gleicht ein Umsetzen das Temperaturungleichgewicht zwischen Innenbereich und Außenbereich aus. Die verdichtete Masse in der Mitte wird aufgelockert und gerät näher an den Rand. Material, das außen gelegen hatte, sollte weiter nach innen gelangen, damit es ebenfalls erhitzt wird. Im Allgemeinen genügt ein einmaliges Umsetzen nach der Erhitzungsphase, sobald die Temperatur unter 50 Grad gefallen ist. Diesen Zeitpunkt erkennt man schon äußerlich daran, dass der Komposthaufen stark zusammengefallen ist. (In Versuchen werden zum Messen der Temperatur Backofenthermometer eingesetzt. Wer will, kann das auch im Hausgarten so machen. Der absolute Temperaturwert spielt jedoch keine Rolle. Für den Hausgebrauch ist ein Test mit der Hand recht zuverlässig.)

Enthält der Kompost hohe Anteile von schwer verrottbarem Material, muss man mehrmals umsetzen. Je häufiger man das Kompostmaterial umschichtet, desto schneller ist der Kompost fertig. Sinnvoll ist es, diese Arbeit im Abstand von rund zwei Monaten durchzufüh-

Ein dreikammeriger Kompostbehälter bietet den Vorteil, dass man in einer Kammer Material sammeln kann, die anderen beiden dienen zum Aufsetzen und Umschichten.

ren, je nach Außentemperaturen. Immer, wenn die Rotte zum Erliegen kommt, sollte man den Kompost umsetzen. Ein insgesamt dreimaliges bis viermaliges Umsetzen erweist sich als optimal. Natürliche Vorgänge verlaufen langfristig, mit wesentlich häufigeren Maßnahmen ist nichts zu erreichen, weil sich dann keine Populationen aufbauen. Beim Umsetzen einer Miete wird das Kompostmaterial einfach ein kleines Stück versetzt neu übereinandergeschaufelt. Bei Kompostbehältern sollte man eine weitere Kammer oder einen weiteren Behälter zur Verfügung haben.

Je nach Außentemperatur verlaufen die Abbau- und Aufbauvorgänge unterschiedlich schnell. Im Winter kommt die Rotte nahezu zum Erliegen. Man kann sie wieder in Gang bringen, indem man den Kompost bei steigenden Temperaturen im Frühjahr neu umsetzt. Wer auf Nummer sicher gehen will, setzt Kompostbeschleuniger hinzu (siehe auch Seite 73).

Gesundheitsschädliche Wirkungen sind von Kompost nicht zu befürchten. Salmonellen zum Beispiel sterben schon bei 30 Grad ab. Giftstoffe werden vollständig abgebaut. Kompost enthält allerdings natürlicherweise in hohem Maß Bakterien und Pilzsporen. Personen mit geschwächtem Immunsystem sollten daher bei allen Arbeiten am Kompost Vorsicht walten lassen und vor allem einen Mundschutz tragen. Im Anschluss an die Beschäftigung mit dem Kompost sollte man die Hände waschen.

Rotte im geschlossenen Behälter

In einem geschlossenen Behälter läuft die Rotte schneller ab. Schnellkomposter neigen zum Vernässen, vor allem wenn viele frische Abfälle darin enthalten sind, weil Wasser nicht oder kaum aus den Behältern verdunsten kann. Am besten wird auch hierfür das Material zuerst gesammelt, zerkleinert und dann gemischt in den Behälter gefüllt. Das gemischte Material sollte sich anfühlen wie ein feuchter, ausgedrückter Schwamm. In nassen Kompost kann man Tonmehl (zum Beispiel Bentonit) einstreuen. Auch klein gerupfte Pappe, etwa von Eierkartons, saugt übermäßige Feuchtigkeit auf. Erhitzt sich der Behälter zu stark, trocknet das Material eventuell zu sehr aus, was die Rotte behindert. Ein Anfeuchten kann dann notwendig sein.

Oft entwickeln sich im geschlossenen Behälter viele Fruchtfliegen, was als störend empfunden wird. Die Fliegen deuten darauf hin, dass das Material zu dicht lagert und der Kompost zu feucht ist. Um Abhilfe zu schaffen, sollte man grobes, trockenes Material, zum Beispiel klein geschnittene Zweige beziehungsweise Staudenstängel oder Pappestückchen, untermischen und frische Küchenabfälle sofort mit angerottetem Material oder Gesteinsmehl bedecken. Es kommt seltener zum Problem übermäßiger Fruchtfliegenentwicklung, wenn die Tonne nicht randvoll befüllt und häufiger geleert wird.

Im Winter verläuft die Rotte auch im geschlossenen Behälter stark verlangsamt. Für die Herstellung von Schnellkompost eignen sich deshalb die Sommermonate am besten.

Kompostzusätze

Die Umwandlung von organischen Abfällen zu Humus ist ein natürlicher Vorgang, der ohne weitere Zutaten abläuft. Beim erstmaligen Aufsetzen von Kompost genügt es, ein paar Schaufeln Gartenerde oder alten Kompost unter die neu aufgesetzten Materialien zu mischen, um die an der Rotte beteiligten Mikroorganismen hinzuzufügen, damit der Abbau zügig in Gang kommt. Die Rotte kann aber auch ganz ohne den Zusatz von Erde oder altem Kompost gelingen – die Natur ist hier ein gutes Beispiel.

Mikroorganismen kann man als Rottestarter im Handel auch kaufen. Sie tragen dazu bei, die Vielfalt der Mikroorganismen zu erhöhen, und sie beschleunigen auf diese Weise die Rotte. Weitere Zuschlagsstoffe können sinnvoll sein, um Stickstoffmangel auszugleichen oder um den Säuregehalt in Balance zu halten. Die Tabelle auf den Seiten 74 und 75 gibt einen Überblick über Mittel, die hilfreich sein können.

Über die Zweckmäßigkeit von Rottelenkern ist sich die Wissenschaft uneins. Jedenfalls können sie einen unsachgemäß aufgesetzten Kompost nicht ausgleichen. Sie wirken nur in gut gemischtem Kompostmaterial.

Gesteinsmehle

Das Grundgerüst aller Gesteine bilden Silikate. In dieses Gitter aus Sauerstoffionen und Siliziumionen sind unterschiedliche weitere Ionen eingebettet. Bei der Verwitterung von Silikaten entstehen Tonmineralien. Fein vermahlen werden sie in Form von Tonmehl angeboten.

Tonminerale besitzen eine enorm große Oberfläche, an der sich Nährstoffionen anlagern können. Dort bleiben die Nährstoffe pflanzenverfügbar, im heranreifenden Kompost fördern die Tonminerale die Bildung von Ton-Humus-Komplexen durch die Bodentiere. Tonmehl wirkt schneller als grobkörniges Urgesteinsmehl. Eine Zufuhr von Tonmehl kann vor allem auf leichten, sandigen Böden wichtig sein. Das Produkt Bentonit besteht aus verschiedenen Tonmineralien, unter anderem aus Montmorillonit, das eine besonders große Oberfläche besitzt. Tonminerale kann man in einer Menge von etwa 5 kg je m^3 Kompost lagenweise fein über dem Kompost verteilen.

Urgesteinsmehl wird aus Gesteinen wie Basalt, Granit oder Lava hergestellt. Es stellt ein Restprodukt bei der Steinverarbeitung in Schotterwerken dar. Urgesteinsmehl ist gröber als Tonmehl, enthält jedoch einen hohen Anteil an Spurenelementen. Die Zusammensetzung kann je nach Herkunft stark variieren. Mit Ausnahme von Magnesium enthält das Material kaum Pflanzennährstoffe. Dafür sind Spurenelemente, jedoch keine Schwermetalle enthalten. Relativ grobes Urgesteinsmehl empfiehlt sich besonders für schwere, lehmige Böden, weil es den Lufthaushalt verbessert. Es wird in größeren Mengen als Tonmehl ausgebracht, empfohlen werden 5 bis 9 kg je m^3 Kompost (Seitz 1990). Lava und Basalt werden oft in schützenswerten Biotopen abgebaut. Ein Raubbau ist daher nicht ausgeschlossen.

Gesteinsmehle, die man dem Kompost zufügt, verbessern in der Folgezeit den Boden. Im Kompost fördern sie die Rotte, zudem werden sie dort aufgeschlossen und binden unangenehme Gerüche. Sie müssen wie alle pulvrigen Substanzen dünn aufgestäubt werden, es dürfen keine Klumpen entstehen. Beim Aufstäuben ist Vorsicht angebracht: Die feinen Stäube belasten die Atmungsorgane, wenn sie auch nicht giftig sind. Eventuell trägt man bei der Arbeit deshalb einen Mundschutz.

Kalk

Kalkgaben fördern auf Böden generell die Verfügbarkeit von Nährstoffen. Es ist sinnvoll, die Böden über den Kompost mit Kalk zu versorgen (siehe auch Seite 28). Mit Kalk kann man den Säure-Basen-Haushalt, also den pH-Wert sowohl des Kompostes als auch des Bodens beeinflussen: Basisch reagierende Verbindungen wie Kalk gleichen im Kompost Säuren aus, die beim Abbau organischer Stoffe entstehen. Eine Zufuhr von Kalk empfiehlt sich sowieso, wenn ein hoher Anteil sauer reagierender Materialien im Kompost verarbeitet wird, etwa Nadelstreu, Rindenabfälle oder Kaffeesatz. Am besten wirkt Kalk, wenn er nicht schon beim ersten Aufsetzen, sondern beim späteren Umsetzen eingestreut wird. Hervorragend eignen sich kohlensaurer Kalk und Algenkalk.

Kohlensaurer Kalk ($CaCO_3$) wirkt relativ langsam, enthält Magnesium und Spurenelemente. Auch im **Algenkalk** liegt Kalk in kohlensaurer Form vor. Er enthält in hohem Maß Silikat (Kieselsäure) und führt Spurenelemente zu. Branntkalk (CaO) sollte man nicht verwenden, er wirkt zu rasch und daher aggressiv. Es kann dadurch zu Stickstoffverlusten kommen.

Unter Umständen erweist sich der Einsatz von synthetisch hergestelltem **Kalkstickstoff** als sinnvoll: Beim Umbau im Boden entsteht Cyanid, ein Baustein der Blausäure, das Unkrautsamen und Krankheitskeime zerstört – jedoch auch die Mikroorganismen beeinträchtigt. Gibt man kranke Pflanzen in den Kompost, kann man sie mit 150 g Kalkstickstoff pro m^2 bestreuen, um den Abbau der Krankheitskeime zu begünstigen. Kalkstickstoff fördert durch seinen Stickstoffanteil auch die Arbeit Zellulose abbauender Organismen. Er fördert dadurch die Rotte strohiger Materialien. Man gibt üblicherweise 150 g Kalkstickstoff pro m^2 je 20 cm dicke Schicht Kompost.

Stickstoff

Fallen viele Materialien mit weitem C/N-Verhältnis an (siehe Seite 61), kann es angebracht sein, dem Kompost Stickstoff zuzuführen. Im ökologischen Anbau kommt synthetisch hergestellter Kalkstickstoff nicht zum Einsatz. Dort gleichen **Hornmehl** oder **Hornspäne** einen Mangel an Stickstoff aus. Man gibt 3 bis 5 kg Hornspäne oder pflanzliches **Rizinusschrot** pro m^3 Kompost. Pro m^2 Lage kann man 150 bis 200 g Hornmehl ausbringen. Alternativ reichern klein geschnittene **Brennnesseln** den Kompost mit Stickstoff an.

Bodenorganismen

Besonders in geschlossenen Behältern können zugeführte, im Handel angebotene **Mikroorganismen** die Rotte fördern. Für die Miete oder den offenen Kompostkasten sind sie nicht erforderlich.

Das Kompostgut kann man direkt mit den Mikroorganismen beimpfen. Für die Konservierung werden lebendige Kulturen getrocknet. In feuchter Umgebung beleben sie sich wieder. Bakterien der Gattung *Azotobacter* beispielsweise reichern Stickstoff an und fördern die Humusbildung. Man kann sie erst im Anschluss an die Heißrottephase einbringen. In fachgerecht aufgesetztem Kompost stellen sie sich von selbst ein.

Kompostbeschleuniger sind Bodenhilfsstoffe für den Hausgarten, die aus tierischen Nebenprodukten, Fermentationsrückständen pflanzlicher Herkunft (etwa Rübenvinasse), pflanzlichen Stoffen und verschiedenen Mikroorganismen hergestellt werden. Die in Form der Kompostbeschleuniger zugesetzten Nährstoffe dienen den Mikroorganismen als leicht verdauliche Energiequellen. Kompostbeschleuniger eignen sich als Hilfsmittel für alle Formen der Kompostierung, auch für die Flächenkompostierung von Herbstlaub. Besonders empfehlen sich diese Produkte für die Kompostierung im Thermokomposter. Man darf sie nicht zusammen mit Kompostwürmern einsetzen, weil die Kompostbeschleuniger hohe Temperaturen bewirken, die die Kompostwürmer nicht vertragen. Die Würmer werden erst dann zugesetzt, wenn die Temperaturen wieder gefallen sind.

Einen Kompoststarter aus Mikroorganismen und Zucker kann man leicht und kostengünstig selbst herstellen: Dazu löst man 500 g Zucker zusammen mit einem Würfel Frischhefe in 10 bis 15 Liter lauwarmem Wasser auf. Diese Lösung gießt man über den aufgesetzten Kompost. Sie genügt für einen Quadratmeter Grundfläche.

Hilfreiche Zuschlagsstoffe für die Kompostbereitung

Kompostzusatz	Substanz und Inhaltsstoffe	Wirkungen	Anwendung
Algenkalk	mild wirkender Kalk, enthält Spurenelemente	Bindet Säuren und verbessert die Struktur des Kompostes.	Dünn über die einzelnen Lagen streuen. Nicht verwenden, wenn der Kompost für Moorbeetpflanzen zum Einsatz kommt.
Biologisch-dynamische Kompostpräparate	fermentierte Blüten oder Blätter von Schafgarbe, Löwenzahn, Baldrian, Kamille, Brennnessel sowie Eichenrinde	Aufgebracht in homöopathischen Dosen, bewirken die Präparate eine reiche Vermehrung der Bodenlebewesen im Kompost.	In vorgegebenen Abständen bohrt man Löcher in die Miete und gibt die Präparate hinein.
Hornmehl und Hornspäne	zermahlene Hörner und Hufe von Rindern	Dienen als organische Stickstoffdünger, gleichen Stickstoffmangel im Kompost aus, tragen zur Verbesserung des C/N-Verhältnisses bei.	Dünn über die einzelnen Lagen streuen.
Humofix	Pulver aus fermentierten Kräutern (Schafgarbe, Löwenzahn, Baldrian, Kamille, Brennnessel) und Eichenrinde, dazu Milchzucker und Honig	Fördert die Entwicklung von Mikroorganismen.	Das Pulver wird in Regenwasser aufgelöst und über die einzelnen Lagen gesprüht.

Kompostzusatz	Substanz und Inhaltsstoffe	Wirkungen	Anwendung
Kompostbeschleuniger (zum Beispiel Radivit®)	Mischungen zum Beispiel aus stickstoffhaltigen Rohstoffen tierischer Herkunft, Fermentationsrückständen, pflanzlichen Stoffen, Mikroorganismen und Gesteinsmehl	Regen die Rottevorgänge an und beschleunigen den Abbau.	Zu empfehlen für die erste Rottephase vor allem im Thermokomposter.
Kohlensaurer Kalk	mild wirkender Kalk	Bindet Säuren und verbessert die Struktur des Kompostes.	Dünn über die einzelnen Lagen streuen. Nicht verwenden, wenn der Kompost für Moorbeetpflanzen zum Einsatz kommt.
Tonmehl	Pulver aus Tonmineralien	Besitzt eine hohe Kapazität zur Speicherung von Wasser und Nährstoffen, daher wertvoll für die Bildung von Ton-Humus-Komplexen.	Dünn über die einzelnen Lagen streuen. Durch das hohe Speichervermögen zu empfehlen für leichte, durchlässige Böden.
Urgesteinsmehl (Gesteinsmehl)	fein gemahlenes Basalt-, Granit- oder Lavagestein, enthält Spurenelemente	wichtig zur Bildung von Ton-Humus-Komplexen	Dünn über die einzelnen Lagen streuen. Gesteinsmehl ist ein universeller Kompost- und Bodenverbesserer.

Pflanzliche Komposthilfen

Kräuterjauchen benässen den Kompost, regen die Rotte an und steuern Stickstoff bei. Bewährt haben sich Brennnesseljauche und ebenso Jauche aus Beinwellblättern. Man kann auch Löwenzahnblätter, Kamille, Schafgarbe und andere Kräuter zugegeben. Jauchen entstehen aus vergorenem Pflanzenmaterial. Dazu gibt man Pflanzen in einen Eimer oder in eine Tonne und füllt die zehnfache Menge Wasser auf. Das Gefäß erhält eine luftdurchlässige Abdeckung, zum Beispiel einen Jutesack, einen Holzrost oder ein Drahtgeflecht. Den Gärungsprozess kann man fördern, indem man die Jauche kräftig rührt, um Sauerstoff einzubringen. Dadurch mildert man auch den strengen Geruch ab. Jauchegefäße sollten an einer warmen, sonnigen Stelle stehen. Während der Gärung schäumt die Flüssigkeit. Die Jauche ist reif, wenn das Schäumen zum Erliegen gekommen ist. Je nach Außentemperatur dauert das zwei oder drei Wochen.

Bei der Komposthilfe **Humofix** handelt es sich um ein Produkt der Benediktinerinnenabtei zur Heiligen Maria, Fulda. Die Benediktinerinnen betreiben biologischen Gartenbau, daher lehnt sich das Kompost aktivierende Humofix an die biologisch-dynamischen Kompostpräparate an. Kräuter und Eichenrinde werden hierfür staubfein vermahlen und dann mit Milchzucker und Honig vermengt. Humofix bewirkt einen schnellen Rotteverlauf, anfangs werden im Kompost hohe Temperaturen erreicht, sodass Krankheitskeime und Unkrautsamen besser absterben. Ein Päckchen Humofix von 1,2 g reicht für 2 m^3 Kompost oder 100 l Blumengießwasser.

Biologisch-dynamische Kompostpräparate

Im biologisch-dynamischen Anbau setzt man in geringsten Mengen Präparate ein, die aufgrund ihrer feinstofflichen Wirkung den Kompost durchdringen und verbessern. Die Präparate werden nach den Vorgaben von Rudolf Steiner hergestellt und stellen einen festen Bestandteil der biologisch-dynamischen Wirtschaftsweise dar.

Als Ausgangsmaterialien der Kompostpräparate dienen Blütenstände von Schafgarbe, Löwenzahn, Baldrian und Kamille, ganze

Brennnesseln, die während der Blütezeit gesammelt werden, und Eichenrinde. Die Ausgangsstoffe werden einem besonderen Umwandlungsprozess ausgesetzt. Dazu füllt man Schafgarbe, Löwenzahn, Kamille und Eichenrinde in bestimmte Hüllen tierischer Herkunft und vergräbt sie anschließend in fruchtbarem Gartenboden. Die Kamille wird in Darm eingefüllt, der Löwenzahn in Bauchfell eingehüllt, die Schafgarbe in die Blase und die Eichenrinde in einen Tierschädel. Von Baldrian wird ein Blütenextrakt hergestellt. Die Brennnessel dagegen wird zu Beginn der Blütezeit geschnitten und in Torf eingebettet vergraben. Innerhalb eines Jahres verwandeln sich die pflanzlichen Materialen zu einer Substanz von außerordentlich strahlender Kraft, wie es Rudolf Steiner im Jahr 1924 formuliert hat. Sachgerecht aufbewahrt, hält die Wirkung für etwa zwei Jahre an. Für ein Volumen von 3 bis 5 m³ Kompost genügt jeweils ein Kaffeelöffel von jedem der genannten sechs Präparate (Heynitz 1988).

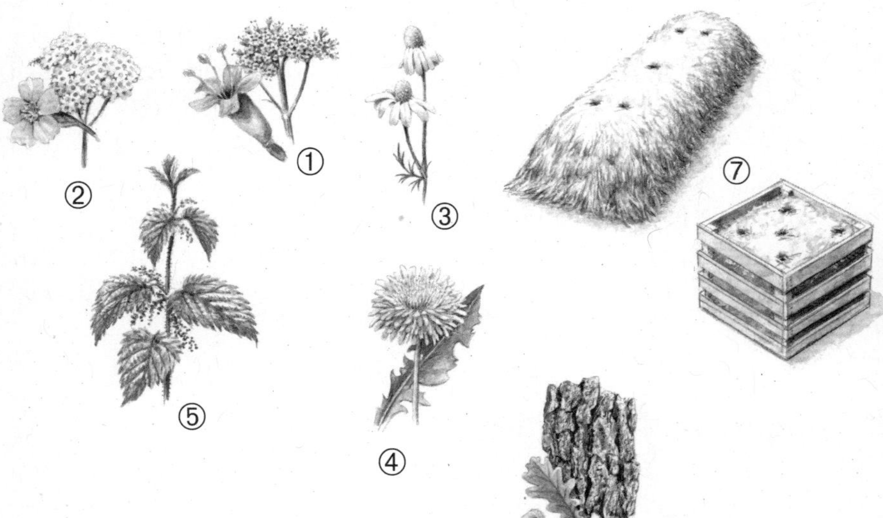

Für die biologisch-dynamischen Kompostpräparate kommen zum Einsatz: Blütenstände von Baldrian (1), Schafgarbe (2), Kamille (3), Löwenzahn (4), beblätterte Triebe der Brennnessel (5) und Eichenrinde (6). Die Präparate werden nach einem vorgegebenen Schema in den Kompost eingebracht (7), Baldrianextrakt wird verdünnt aufgesprüht.

Die biologisch-dynamischen Präparate harmonisieren den Rotteverlauf. Durch sie erhitzen sich die Materialien in der Anfangsphase nicht so stark oder die hohen Temperaturen sinken schneller wieder ab. Außerdem verringert sich der Ausstoß unangenehmer Gerüche. Die Stoffumwandlung und die Humusbildung verlaufen schneller, die Nährstoffverluste sind dadurch geringer. Die Präparate fördern zudem das Leben im Komposthaufen. So soll sich Baldrian besonders günstig auf den Kompostwurm auswirken. Der mit biologisch-dynamischen Präparaten hergestellte Kompost regt in besonderem Maß das Wurzelwachstum der Kulturpflanzen an. Es entwickeln sich kräftigere Wurzeln, die tiefer in den Boden eindringen, in einem dichteren Wurzelsystem.

Die Präparate werden dem Kompost am besten beim Aufsetzen zugefügt. Man kann sie auch noch in fertig aufgesetzte Mieten einbringen. Dafür bohrt man mit einem Pflock in die Mitte des Haufens ein etwa 50 cm tiefes Loch und rund um dieses im Abstand von 1,5 bis 2 m vier weitere genauso tiefe Löcher, gibt fünf der Präparate (Brennnessel, Schafgarbe, Löwenzahn, Kamille, Eichenrinde) nach einem vorgegebenen Schema hinein (siehe Seite 77) und schließt die Öffnungen mit Kompostmaterial. Vom Baldrianpräparat gibt man 2 bis 3 ml auf 5 l Wasser und rührt es 10 Minuten lang. Diese Lösung wird vor dem Abdecken über den Haufen gesprüht. Bisweilen wird empfohlen, diese Maßnahme vor der Kompostentnahme zu wiederholen.

Kompostpräparate werden von biologisch-dynamisch wirtschaftenden Landwirten selbst hergestellt. Man kann sie auch kaufen (Bezugsquellen siehe Seite 156).

Ungünstiger Rotteverlauf

Bei einer harmonischen Rotte entsteht wertvolle lebendige Erde. Die Mikroorganismen verbauen mit Hilfe von Sauerstoff die in der frischen organischen Substanz festgelegten, zunächst nicht pflanzenverfügbaren Nährstoffe. Dennoch kann es immer wieder zu einer unvollständigen Rotte kommen. Die Ursachen dafür lassen sich anhand der folgenden Tabelle ergründen.

Probleme bei der Kompostbereitung

Symptom	Beobachtungen	mögliche Ursachen	Abhilfen
Kompost ist zu trocken	Das Material ist schimmelig, es lässt sich nicht zu Ballen formen, die einzelnen Ausgangsstoffe sind noch immer erkennbar, viele Asseln und Ameisennester sind enthalten.	Feuchtigkeit fehlt: mangelnde Befeuchtung beim Aufsetzen, Kompostplatz wird zu stark besonnt.	Material umsetzen und bewässern, befeuchten mit Brennnesseljauche oder frischen Rasenschnitt und Putzabfälle aus der Küche beigeben.
Kompost ist zu nass oder stinkt	Der Kompost ist pappig und schmierig. Beim Zusammendrücken einer Handvoll Kompost tritt Wasser aus. Der Kompost riecht unangenehm.	Fäulnis wegen Luftmangels, vielleicht weil zu viel Grünmaterial zu dicht aufeinander lagert.	Locker auf eine Reisigschicht umsetzen, dabei mit Gesteinsmehl überpudern und grobes, trockenes Material (Strauchschnitt, Stroh, Sägespäne, Häcksel) untermischen. Kompost zum Schutz vor Regen abdecken.
Kompost wird nicht heiß	Es ist wenig frisches Grüngut enthalten oder die Mischung ist unausgewogen.	Zu wenig Frischmasse führt zu trockenem Material, womöglich ist der Kompost zu niedrig aufgeschichtet.	Frischen Rasenschnitt beimischen, das Volumen vergrößern.
Kompost ist zu heiß	Der Kompost verliert durch Verdunstung viel Wasser, die mikrobielle Tätigkeit wird eingestellt.	Kompostmaterial lagert zu dicht. Achtung: Überhitzter Kompost kann faulen.	Umsetzen, Zufuhr von Reifkompost oder Erde bewirkt Kühlung, strukturreiches Material (Stroh, kleine Äste) untermischen.

Symptom	Beobachtungen	mögliche Ursachen	Abhilfen
Kompost rottet nicht oder nur langsam	Der Kompost ist zu nass oder zu trocken.	Zu lange nicht umgesetzt, der Anteil holziger Stoffe im Kompost ist zu hoch, Kompostbestandteile sind nicht zerkleinert, das C/N-Verhältnis ist zu hoch.	Stickstoffreiches Material zusetzen (Rasenschnitt, Küchenabfälle), Feuchteverhältnis überprüfen und bei Bedarf korrigieren, eventuell für Durchlüftung sorgen.
unerwünschte Tiere im Kompost	Ratten leben im Kompost, Vögel wühlen an der Oberfläche und zerstreuen das Material.	Frei liegende Küchenabfälle, vor allem gekochte Speisereste in großen Mengen oder nicht genügend zerkleinert, locken Ratten und Vögel an.	Küchenabfälle und Speisereste in die Mitte des Haufens einbringen und mit verrottetem Material oder Erde abdecken oder Abfälle in die Biotonne geben. Treten Ratten auf, keine Speiseabfälle mehr kompostieren.
Fruchtfliegen im Kompost	Schwärme von kleinen Fliegen.	Die Fruchtfliegen lieben zuckerhaltige, frische Abfälle auf der Oberfläche des Kompostes.	Frische Abfälle leicht untermischen oder mit angerottetem Kompost oder Erde bedecken, für Belüftung sorgen, Gesteinsmehl über die frischen Materialien pudern.

(nach Lindner 1991, ergänzt)

Lebewesen im Komposthaufen

Mikroorganismen

Bakterien

Bakterien leben als Einzeller. Sie sind Prokaryoten, das heißt, sie besitzen keinen abgegrenzten Zellkern, sondern ihre Erbinformationen befinden sich in einem Kernäquivalent frei in der Zelle. Man unterscheidet sie nach ihrer Form: Kokken sind kugelförmige Bakterien mit einem Durchmesser von 0,5 bis 1,25 µm. Die gerade oder gekrümmt geformten Stäbchen erreichen 1,5 bis 10 µm Länge, während die korkenzieherartigen Spirillen bis zu 50 µm lang werden. Bei manchen Bakterien bleiben die Zellen nach der Teilung miteinander verbunden und bilden Zellhaufen, Pakete, Fäden oder Netze.

Bakterien treten in allen Phasen der Kompostierung auf. Sie besorgen zu mehr als 80 Prozent den Abbau der organischen Stoffe. Dabei sind am Rotteprozess vergleichsweise wenige Arten beteiligt. Aufgrund ihrer – bezogenen auf ihre Masse – hohen Oberfläche besitzen sie von allen am Rotteprozess beteiligten Mikroorganismen die höchste Stoffwechselaktivität. Sie erreichen die höchsten Populationsdichten.

Zu den Bakterien zählen auch die **Cyanobakterien,** die man früher als Blaualgen bezeichnet hat. Der Bau einer Cyanobakterienzelle gleicht dem Bau anderer Bakterien, doch sind Cyanobakterien Organismen, die eine einfache Form von Fotosynthese betreiben. Dabei wird Sauerstoff frei. Eine Cyanobakterienzelle ist um ein Vielfaches größer als eine Bakterienzelle. Die Einzelzellen hängen locker in einer gemeinsam ausgeschiedenen Gallerte oder an den Zellwänden zusammen. Cyanobakterien siedeln auf sich zersetzender, feuchter organischer Substanz. Im Garten treten sie oft auf abgelagerten organischen Mulchmaterialien auf. Sie schwellen nach Niederschlägen an und fallen bei Trockenheit wieder in sich zusammen.

Strahlenpilze

Strahlenpilze (Actinomycetales) spielen bei der Rotte eine wichtige Rolle, ganz besonders ab dem Beginn der Abbauphase bei hohen Kompostinnentemperaturen. Strahlenpilze sind einzellige Organismen. In der wissenschaftlichen Systematik werden sie zu den Bakterien gezählt. Auch ihre Zellwände ist aufgebaut wie jene der Bakterien. Strahlenpilze sind unregelmäßig geformte, kurze Stäbchen oder Kokken mit Durchmessern von etwa 1,5 µm. Die Zellen der Einzelorganismen werden durch schleimartige Zellwandbestandteile zusammengehalten und können so verzweigte fadenförmige Gebilde bilden, ähnlich den Pilzfäden (Hyphen). Wie beim Hyphengeflecht der Pilze (dem Myzel) entsteht ein (vernetztes) Pseudo-Myzel. Man kann es zum Beispiel im äußeren Bereich von Kompostmieten als weißgrauen Filz gut erkennen.

Actinomycetales besiedeln alle organischen Materialien. In der Regel besitzen sie einen aeroben Stoffwechsel, das heißt, sie benötigen Sauerstoff. Sie ernähren sich von abgestorbener organischer Substanz und zersetzen unterschiedliche Kohlenhydrat- und Eiweißverbindungen, auch schwerer abbaubare Stoffe mit Kohlenstoff-Ringverbindungen wie Lignin, Chitin, Paraffin. Strahlenpilze bevorzugen alkalische, humusreiche Böden, sie vertragen Hitze und Trockenheit, im Kompost leben thermophile (wärmeliebende) Arten.

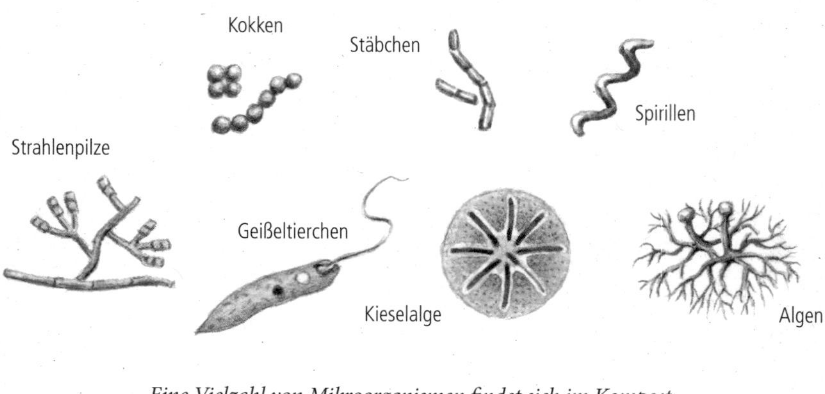

Eine Vielzahl von Mikroorganismen findet sich im Kompost: Bakterien (Kokken, Stäbchen, Spirillen), Strahlenpilze, Geißeltierchen, Kieselalgen, Algen.

Der bei fertigem Kompost typische erdige Geruch nach Waldboden wird durch die Strahlenpilz-Familie der *Streptomycetaceae* durch Bildung flüchtiger Fettsäuren hervorgerufen. Viele Strahlenpilze produzieren antibiotische Substanzen, zum Beispiel Chloramphenicol, Streptomycin oder Tetracycline, die auf andere Mikroorganismen hemmend oder toxisch wirken. Vermutlich spielen diese Substanzen auch bei der Rotte eine gewisse Rolle. Erforscht sind diese Zusammenhänge kaum.

Protozoen

Der Sammelbegriff »Protozoen« umfasst eine Gruppe sehr verschiedener einzelliger Organismen, die echte Zellkerne haben, also eukaryot sind. Die einzelnen Formen dieser Einzellergruppe unterscheiden sich erheblich in Bezug auf ihre Größe und Morphologie. Zu ihnen zählen zum Beispiel Sporentierchen, Wimperntierchen, Geißeltierchen, Wurzelfüßer. Protozoen leben heterotroph, sie benötigen für ihren Stoffwechsel folglich Substanzen, die andere Organismen aufgebaut haben.

Der innere Rottekörper des Komposthaufens ist für Protozoen zu heiß, man findet sie eher in den Randzonen.

Schleimpilze

Schleimpilze sind relativ einfach gebaute Organismen, die als zellwandlose, vielkernige Plasmamassen, die man Plasmodien nennt, leben. Durch Ausstülpungen können sie sich fortbewegen. Schleimpilze zählen trotz ihres Namens nicht zu Pilzen, sondern bilden eine eigene Organismengruppe. Sie ernähren sich vom Abbau vorhandener Verbindungen, in aller Regel leben sie heterotroph. Durch ihre amöboide Bewegung können sie ganze Partikel vereinnahmen.

Pilze

Pilze treten in einer Vielzahl verschiedener Formen auf. Sie entwickeln vergleichsweise große Zellen mit Durchmessern von 10 bis 40 µm. Pilze besitzen echte Zellkerne, sie sind demnach eukaryot und haben

Fruchtkörper von Echten Pilzen zeigen an, dass die Rotte wie gewünscht abläuft.

komplexe Reproduktionsmechanismen. Man unterscheidet einzellige Pilze, wie die Hefen, und Myzelpilze. Letztere wachsen fadenförmig und bilden Hyphen und Myzelien. Pilze kommen in vielen Arten, allerdings in viel geringeren Populationsdichten als Strahlenpilze im Kompost vor. Sie sind nicht auf freies Wasser angewiesen und bevorzugen ein trockenes Milieu, sogar in eher sauren Verhältnissen kommen sie zurecht. Pilze leben von Stoffen, die andere Organismen aufgebaut haben. Sie sind heterotroph. Je nach Art zersetzen Pilze auch schwer abbaubare Stoffe, wie Lignin, und einige bilden auch antibiotische Verbindungen.

Echte Pilze

Zu den Echten Pilzen (Fungi) zählt man weltweit über 100 000 oder noch mehr Arten. Die Zellwände dieser Organismen bestehen weitgehend aus Chitin. Alle Pilze leben heterotroph, das bedeutet, sie benötigen für ihr Leben Substanzen, die andere Organismen aufgebaut haben. Deshalb entwickeln sie sich zum Beispiel auf abgestorbenem organischen Material (saprophytische Lebensweise) oder sie besiedeln lebende Organismen (parasitische Lebeweise). Nach der Art, wo sich die Sporen für die Verbreitung bilden, unterscheidet man unter anderem die Ascomycota und die Basidiomycota.

Bei den **Ascomycota** oder Schlauchpilzen entstehen die Sporen aus sexueller Fortpflanzung in einem schlauchförmigen Gebilde, dem Ascus.

Bei den **Basidiomycota** oder Ständerpilzen entwickeln sich jeweils vier Sporen an einem Sporenständer, der Basidie.

Sporen bilden sich in den Fruchtkörpern, die wir bei den Basidiomycota als Hutpilze wahrnehmen. Diese Fruchtkörper machen nur einen kleinen Teil des Pilzkörpers aus. Der größte Teil des Pilzes wächst als weit verzweigtes Netz von Pilzfäden (Hyphen) im Boden. Man bezeichnet es als Myzel. Fruchtkörper entstehen nur bei günstigen Witterungsbedingungen. Ein einziger Fruchtkörper kann bis zu 1,8 Milliarden Sporen produzieren.

Viele Basidiomycota leben auf totem Holz, sie sind auf den Abbau von Holz spezialisiert. Man unterscheidet verschiedene Abbauwege:

- Braunfäule: Im Falle der Braunfäule zerstört der Pilz zunächst die Zelluloseverbindungen, das Lignin bleibt erhalten und sorgt für eine dunkle Färbung. Das Holz wird querrissig und zerfällt in Bröckchen.
- Weißfäule: Der Pilz baut Lignin, aber auch Zellulose ab. Ausgeschiedene Phenoloxidasen sorgen dafür, dass das Material bleicht. Das Holz zerfällt längsfaserig.
- Moderfäule: Kleinpilze, die kleine Fruchtkörper bilden, verursachen eine langsam verlaufende Braunfäule.

Die einzelnen Pilzarten sind oft an ein bestimmtes Substrat gebunden. Eine gute Mischung von Kompostmaterialien sorgt daher für eine Vielfalt an Pilzen. Alle Pilze entwickeln sich am besten in lockerem Substrat.

Algen

Algen sind einzellige oder vielzellige, verschieden gefärbte Pflanzen, die Fotosynthese betreiben, sie sind autotroph, das heißt, sie bilden die für ihr Leben benötigten Stoffe aus anorganischen Substanzen selbst.

Daher enthalten sie Chloroplasten, sind jedoch nicht nur grün, sondern auch andersfarbig gefärbt, woraus sich Bezeichnungen wie Grünalgen, Rotalgen und Braunalgen ableiten. Einzellige Algen sind rund oder fadenförmig und nur 0,01 bis 0,1 mm groß. Andere Algen können lange Zellfäden oder ausladende, flächige Gewebe bilden. Die meisten Algen sind an eine Entwicklung im Wasser angepasst.

Die einzelligen Kieselalgen besitzen als Hülle zwei Silikatschalen, bei denen eine wie der Deckel einer Schachtel über die andere etwas kleinere Schale greift. Kieselalgen leben in großer Artenvielzahl in feuchtem Milieu. Die einzelnen Zellen können sich zu Bändern und Fächern verbinden.

Algen tragen wenig zum Abbau von organischen Stoffen im Kompost bei. Doch sie nutzen frei werdende Nährstoffe, besiedeln die Materialien im Kompost und dienen anderen Lebewesen als Nahrung. Damit leisten Algen einen Beitrag für den Umbau der Stoffe.

Manche Algenarten können eine Symbiose mit jeweils bestimmten Pilzarten eingehen, es entstehen dann **Flechten.** Die beiden Organismen leben so eng zusammen, dass sie sich nicht trennen lassen. Flechten wachsen auf Rinde, totem Holz und in der Erde, sie entwickeln sich sehr langsam.

Tiere

Rädertierchen

Die winzigen Rädertierchen (Rotatoria) sind mehrzellig und in die drei Körperabschnitte Kopf, Rumpf und Fuß gegliedert. Ihr Name bezieht sich auf ein Räderorgan am Kopfabschnitt, das meist aus zwei Wimpernkränzen besteht. Damit können Rädertierchen schwimmen und Nahrung herbeistrudeln. Am Fuß befinden sich Klebdrüsen zum Anheften. Rädertierchen ernähren sich von kleinen Organismen wie Algen, Bakterien, Protozoen und pflanzlichen Stoffen. Sie besitzen einen Kaumagen, den sie weit herausstrecken können, um damit Beute zu erfassen.

Springschwänze

Die auch Collembolen genannten Springschwänze zählen zu den flügellosen Urinsekten. Die 1 bis 2 mm großen, zarthäutigen Tiere sind in Kopf, Brust und Hinterleib gegliedert. Rund 300 verschiedene Arten kommen im Mitteleuropa vor. Die Tiere bevorzugen Orte mit hoher Luftfeuchtigkeit. Die einzelnen Arten besitzen eine unterschiedliche Behaarung. Springschwänze besitzen zwei Fühler und in Taschen versenkbare Mundwerkzeuge. Sie haben keine Facettenaugen wie die geflügelten Insekten, dafür befinden sich rechts und links am Kopf jeweils acht Einzelaugen.

Springschwänze orientieren sich mit Hilfe von Tasthaaren, die über den ganzen Körper verteilt sind. Chemische Reize wie Gerüche nehmen sie über spezielle Sinneshaare oder Sinneskolben auf den Fühlern wahr. Das auffälligste Merkmal ist die Sprunggabel, von der sich der Name ableitet. Dieser Anhang am Hinterleib wird normalerweise von einer Haltevorrichtung eng an den Unterleib gepresst. Bei Gefahr schnellt die Sprunggabel, angetrieben durch starke Muskeln, gegen den Boden und das Tier wird einige Zentimeter weit geschleudert. Dieser Mechanismus wird nur zur Flucht eingesetzt. Man kann Springschwänze zum Beispiel davonschnellen sehen, wenn man einen Blumentopf überbraust, dessen Substrat sie besiedelt haben.

Die weit verbreiteten Springschwänze kommen in der Erde wie im Kompost in großer Zahl vor. Daher sind sie ungeachtet ihrer geringen Größe wesentlich an den Zersetzungsprozessen beteiligt. Sie sind auf eine stark feuchte Umgebung angewiesen und benötigen eine Luftfeuchtigkeit von nahezu hundert Prozent. Richtige Nässe können sie überstehen, doch entwickeln sie sich darin nicht gut. Im Kompost finden Springschwänze optimale Wachstums- und Vermehrungsbedingungen. Und sie tragen wesentlich zum Abbau der organischen Stoffe bei. Die Anzahl an Springschwänzen gilt als Bodenindikator und eine hohe Anzahl als Anzeiger für günstige Rotteprozesse. (Sogar in schlecht besiedelten Ackerböden kommen pro Quadratmeter schätzungsweise noch 150 000 Springschwänze in der obersten 5 cm dicken Schicht vor.)

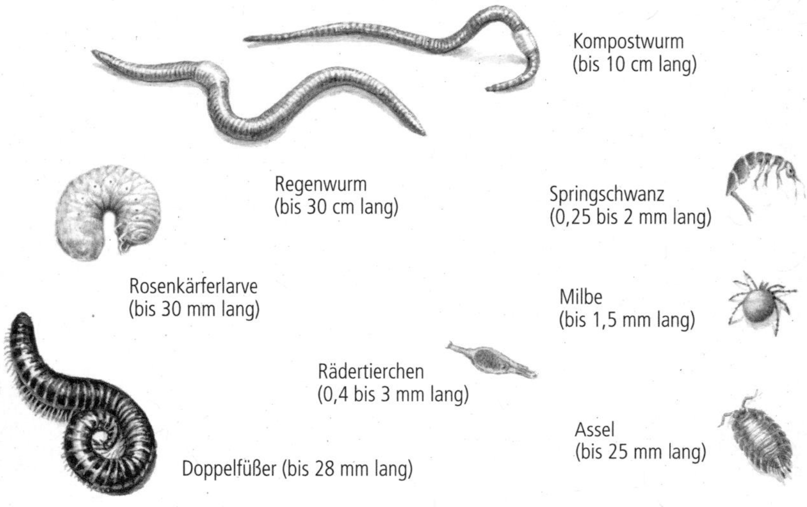

Ein Reihe von Gliedertieren lebt im Kompost: Rädertierchen, Springschwänze, Milben, Asseln, Doppelfüßer, Rosenkäfer, Kompostwurm, Regenwurm.

Milben

Milben sind höchstens 1 mm große Gliedertiere. Es handelt sich um Spinnentiere. Erwachsene Tiere besitzen daher vier Beinpaare – im Gegensatz dazu haben Insekten drei Beinpaare. Milben wirken in der Regel gedrungen. Die pflanzenfressenden Milben, wie man sie als »Rote Spinnen« von Zimmerpflanzen kennt, bewegen sich auf kurzen Beinen und sind daher träge. Dagegen sind die räuberisch lebenden Milben gute Läufer. Es gibt weichhäutige Milben und solche mit einem dicken Panzer aus Chitin, die Färbung reicht von Weißlich über Rot bis Dunkelbraun. Die meisten Milben sind blind, doch sie können die Unterschiede zwischen Hell und Dunkel wahrnehmen. Weil sie so klein sind, erfolgt die Atmung der Tiere in aller Regel über die Haut. Zur Orientierung besitzen sie Tasthaare, mit denen sie geringste Erschütterungen und Luftbewegungen wahrnehmen. Die Qualität der Nahrung wird mit Hilfe von Sinneshaaren geprüft.

Milben fressen und zerkleinern abgestorbenes organisches Material, das ihnen Mikroorganismen aufbereitet haben. Auf den Ausscheidungen der Milben entwickeln sich wiederum Pilze und Bakterien. So schaffen sich die Organismen gegenseitig günstige Lebensbedingungen.

Asseln

Die Asseln sind eine Unterordnung der Krebse. Sie sind die einzigen Krebse, die in größerer Zahl das Land erobert haben. Dennoch lieben sie Feuchtigkeit und man findet sie in Mauerritzen, in feuchten Kellern, unter Untersetzern von Kübelpflanzen, in der Streuschicht des Waldes und eben auch im Kompost. Als ursprüngliche Meeresbewohner tragen sie Kiemen zum Atmen, die ständig feucht bleiben müssen. Dazu besitzen die Landasseln ein besonderes Wasserleitsystem, das alle Feuchtigkeit, die in Form von Tau, Regen oder Kondenswasser auf den Körper gelangt, kapillar aufnimmt und zu den Kiemen leitet. Der flache Körper ist eine Anpassung an die Lebensräume zwischen Falllaub und in Bodenhohlräumen. Um die Verdunstung gering zu halten, können sich Asseln einrollen und oft ballen sie sich aus demselben Grund zu Ansammlungen zusammen. Als Anpassung an relativ trockene Umweltbedingungen besitzen die Weibchen einen Brutbeutel, in dem sie die Eier geschützt vor Austrocknung herumtragen.

Asseln haben für die Umwandlung von Rohhumus eine ähnliche Bedeutung wie Regenwürmer. Obwohl sie Allesfresser sind, verzehren sie vorwiegend feuchtes Laub und Holzreste. Sie fördern damit die Zersetzung. Im Kompost treten Asseln in allen Schichten auf. In ihrem Verdauungstrakt vermengen sich organische Substanzen mit mineralischen Bodenteilchen. Ihr Kot stellt ein Nahrungsreservoir für andere Organismen wie Bakterien, Pilze und Springschwänze dar.

Im gut mit Asseln besetzten Kompost verläuft die Rotte schneller und harmonischer als in einem gering besiedelten Kompost. Man kann Asseln fördern, indem man immer wieder Kalk einstreut, den die Tiere für die Häutungen benötigen. Asseln legen in ihren Körpern regelrechte Kalkdepots an, die sie bei der Erhärtung der neuen Haut verbrauchen.

Während sich Asseln im Boden während des Sommers und im Winter in tiefere Schichten zurückziehen, bleiben sie im Kompost ganzjährig aktiv. Als Voraussetzung dafür muss man für Feuchtigkeit, ausreichend Kalk und während des Winters für Frostschutz sorgen.

Tausendfüßer

Zu den Tausendfüßern zählen die Gruppen der Doppelfüßer und der Hundertfüßer. Während die Doppelfüßer bis auf die ersten drei Körpersegmente jeweils zwei Beinpaare pro Segment besitzen, weisen die Hundertfüßer ein Beinpaar pro Segment auf. Je nach Anzahl der Körpersegmente kann ein erwachsener Doppelfüßer zwischen 13 und rund 300 Beinpaare haben, während frisch geschlüpfte Larven nur drei Beinpaare an ihren wenigen Körpersegmenten tragen. Mit den Häutungen kommen im Zuge des Wachstums weitere Segmente und damit Beinpaare hinzu. Durch den Einbau von Mineralstoffen in den Panzer entsteht eine harte, druckfeste Hülle. Sie schützt das Tier, wenn es sich durch den Boden wühlt. Bei der Fortbewegung helfen die zahlreichen Beinpaare.

Doppelfüßer ernähren sich hauptsächlich von abgestorbenem pflanzlichen Material. Hundertfüßer leben auch räuberisch und jagen andere Tiere. Die Larven der Doppelfüßer weiden Algen- und Pilzrasen auf faulenden Holzstücken ab. Etwa ein Drittel ihres Körpergewichts nehmen sie täglich als Nahrung auf. Wie Kompostwürmer oder Regenwürmer und Asseln tragen Doppelfüßer zur Bildung von Humus und strukturstabilen Bodenteilchen bei, da sich in ihrem Verdauungstrakt organische und mineralische Stoffe vermengen.

Doppelfüßer brauchen eine nicht zu nasse und nicht zu trockene Umgebung. Fehlen die Tiere im Kompost, dann ist dort der Wasserhaushalt nicht in Ordnung. Ein Mindestmaß an Kalk muss außerdem vorhanden sein. Die Tiere müssen damit bei den Häutungen ihre Panzer verfestigen.

Die natürlichen Feinde der Doppelfüßer sind Igel, Nagetiere und Maulwürfe. Zwar bietet der harte Panzer einen gewissen Schutz, doch zusätzlich sind einige Doppelfüßer mit Wehrdrüsen ausgestattet, mit denen sie ein giftiges Sekret absondern können.

Regenwürmer

Der Gewöhnliche Regenwurm *(Lumbricus terrestris)* und der Kompostwurm *(Eisenia foetida)* zählen zur Familie der Regenwürmer. Sie sehen ähnlich aus, unterscheiden sich aber doch in ihren Lebensweisen. Im Vergleich zum Gewöhnlichen Regenwurm ist der Kompostwurm mit einer Länge von bis zu 10 cm kleiner und dunkler rot gefärbt mit gelblichen Ringen. Bei beiden sind die Körper in Segmente gegliedert. Borsten am Unterleib ermöglichen die Fortbewegung, unterstützt durch einen kräftigen Hautmuskelschlauch, der Streckungen und Stauchungen vollzieht.

Regenwürmer leben als Zwitter, das heißt, jedes Tier besitzt weibliche und männliche Geschlechtsorgane. Zunächst tauschen die Tiere die Samen aus, die bevorratet werden, um später die heranreifenden Eizellen zu befruchten. Für die Fortpflanzung spielt die helle Schwellung in der vorderen Körperhälfte, Clitellum genannt, eine wichtige Rolle. Das Clitellum sondert Schleim ab, der zu zitronenförmigen Kokons erhärtet, in denen sich die Eier entwickeln. Diese hellgelben Kokons haben eine Größe von 2 bis 3 mm. Regenwürmer verfügen über lichtempfindliche Sinneszellen, die vor Sonnenlicht warnen und vor Austrocknung schützen.

Kompostwurm

Bei den Würmern im Kompost handelt es sich um Kompostwürmer. Sie sind ein Anzeichen dafür, dass sich die Abbauvorgänge auf ihrem Höhepunkt befinden. Ist das vorhandene organische Material weitgehend verrottet, ziehen sich die Kompostwürmer zurück. In Reifkompost,

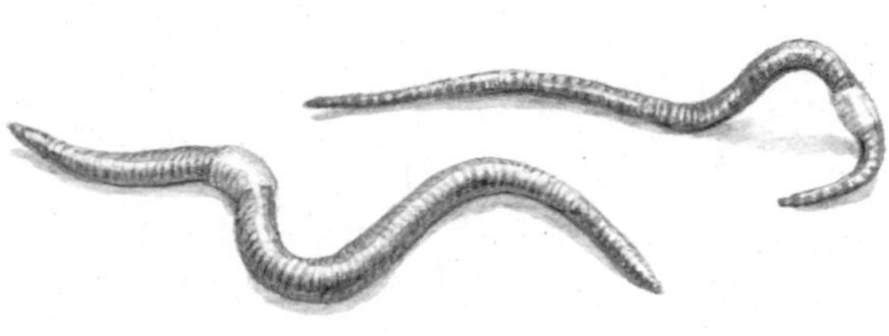

Während die Rotte noch abläuft, finden sich im Kompost Knäuel aus roten Kompostwürmern (oben). Sie sind kürzer und schmaler als Regenwürmer (unten), die vereinzelt erst dann auftreten, wenn die Rotte abgeschlossen ist.

aus dem ein nennenswerter Anteil der Nährstoffe bereits ausgewaschen ist, findet man nur noch den Gewöhnlichen Regenwurm.

Die natürlichen Lebensräume des Kompostwurms sind die obere Laubschicht und morsches Holz weitgehend zerfallener Baumstubben. Hierzulande kommen sie aufgrund ihres Wärmebedürfnisses natürlicherweise nur in Komposthaufen und Misthaufen vor. Bei Temperaturen von 20 bis 25 Grad sind sie am aktivsten. Bei geringeren Temperaturen sind die Tiere gegenüber Störungen sehr empfindlich. Sie sterben rasch bei Frost, suchen sich im Komposthaufen aber die erwärmten Schichten, um dort zu überleben.

Der Kompostwurm ernährt sich von frischen, stickstoffreichen pflanzlichen Substanzen, die aufgrund der vorangegangenen Fermentation durch Mikroorganismen für ihn besser zu verwerten sind. Deshalb entwickelt er sich so gut zwischen feuchten, zerkleinerten, angerotteten, nicht oder schwach verholzten pflanzlichen Stoffen. Er vertilgt täglich Nahrung in einer Menge, die der Hälfte seines eigenen Körpergewichtes (oder sogar mehr) entspricht, Erde nimmt er nur in geringen Mengen auf. Kompostwürmer leben oberirdisch in Kolonien und dringen höchstens in die obersten Bodenschichten ein. Oft sieht man im Kompost regelrechte Knäuel von roten Kompostwürmern. Die Tiere können nicht wühlen, daher darf man das zu kompostierende Material nicht verdichten.

Im Garten braucht man dem Kompost keine Kompostwürmer zuzuführen. Nur beim erstmaligen Aufsetzen eines Kompostes kann die Zugabe von Kompostwürmern den Beginn der Rotte beschleunigen. Die Zugabe kann über extra dafür im Handel erhältliche Kompostwürmer erfolgen oder man gibt dem neuen Kompost Material von einem bestehenden Kompost bei. Da Kompostwürmer die Kokons mit ihren Eiern in ihrer Umgebung ablegen, überträgt man die Lebewesen in ein neues geeignetes Umfeld, wenn man Frischmaterial mit Altkompost überstreut. Die Würmer stellen sich aber auch von selbst ein.

Aus den Ausscheidungen des Kompostwurms entsteht wertvoller Wurmhumus. In speziellen Wurmkisten lässt sich ein rascher Stoffumsatz erzielen, zumal sich Kompostwürmer rasch vermehren. Innerhalb weniger Monate hat sich wertvoller Wurmkompost gebildet (siehe auch ab Seite 103).

Gewöhnlicher Regenwurm

Im Gegensatz zum Kompostwurm lebt der Gewöhnliche Regenwurm allein und bohrt seine Gänge mitunter metertief in den Boden. Dadurch schafft er Röhren, in denen Regenwasser rasch von der Oberfläche in den Boden zu den Pflanzenwurzeln gelangt. Gleichzeitig bilden die Röhren günstige Wachstumskanäle für die Pflanzenwurzeln, zumal die Wände der Gänge zusätzlich mit einer nährstoffreichen Schicht aus Regenwurmkot ausgekleidet sind.

Der Gewöhnliche Regenwurm nimmt organische wie mineralische Bodenbestandteile auf, die dann in seinem Verdauungstrakt vermengt werden. Dadurch entstehen Ton-Humus-Komplexe, die für die Krümelbildung und für den Erhalt der Bodenstruktur so wichtig sind. Der Gewöhnliche Regenwurm ist im Vergleich zum Kompostwurm länger, dicker und heller, er entwickelt sich langsamer und hat einen geringeren Stoffumsatz. Da er empfindlich auf Hitze und Kälte reagiert, zieht er sich in den Wintermonaten und im Hochsommer in tiefere Bodenschichten zurück.

Regenwürmer treten erst dann im Kompost auf, wenn die Abbauvorgänge weitgehend zum Erliegen gekommen sind.

Rosenkäfer

Mit Schrecken finden manche Gartenbesitzer in ihrem Kompost »Engerlinge« – Bilder gefräßiger Maikäfer, die eines Tages die Laubbäume im Garten abfressen, vor Augen. Aufregung ist in diesem Fall jedoch fehl am Platz: Bei den mehrere Zentimeter langen, cremefarbenen, eingerollten Larven mit drei Beinpaaren vorne am Körper handelt es sich mit Sicherheit um Jugendstadien des Gewöhnlichen Rosenkäfers. Im Unterschied zu anderen Käferlarven sind Kopf und Beine bei ihnen rötlich gefärbt und sie besitzen quer laufende Reihen roter Körperhaare. Sie leben in verrottenden organischen Substanzen, während sich die Larven des Maikäfers von lebendem Material (Wurzeln) ernähren. Rosenkäferlarven fressen nur totes Material und sind nützliche Helfer bei den Rotteprozessen im Kompost. Es ist nicht sinnvoll, sie vom Kompost abzusammeln und den Vögeln zum Fraß vorzuwerfen.

Der erwachsene Käfer bereichert die Vielfalt jeden Gartens. Er wird 14 bis 20 mm lang, ist auf der Oberseite glänzend smaragdgrün, unterseits purpurrot. Die Käfer fliegen ab Ende Mai und legen im Frühsommer ihre Eier in die Erde ab. Die Tiere sitzen oft in Rosenblüten und sehen dort sehr dekorativ aus. Sie nagen zwar an Blättern von Rosengewächsen, Geißblatt- und Schneeball-Arten, verursachen dort aber kaum Schäden.

Schnecken

Schnecken suchen im feuchten, dunklen Kompost Unterschlupf.

Schnecken sind die vermutlich am meisten gehassten Tiere in unseren Gärten. Wenig bewusst ist, dass sie im Garten abgestorbene, schwache und kranke Pflanzenteile verzehren und sie dadurch zersetzen. Auf dem Komposthaufen helfen sie mit, organisches Material abzubauen. In der feuchten, dunklen Umgebung finden sie günstige Verstecke. Die Schnecken verlassen den Kompost, sobald sämtliches organische Material zersetzt ist, und machen sich auf die Suche nach neuer Nahrung. Darum ist es besser, wenn der Kompost nicht unmittelbar neben einem Beet mit schneckengefährdeten Pflanzen steht.

Zwischen November und Mai legen die Schnecken ihre Eier ab. Diese werden im Kompost entweder durch die Heißrotte zerstört oder von anderen Kompostbewohnern gefressen. Damit die Schnecken keine Eier im Reifkompost ablegen, sollte man die Komposterde rechtzeitig in Säcke abfüllen und bis zum Gebrauch im Frühling lagern.

Blindschleichen

Blindschleichen halten sich gern im Kompost auf. Sie lieben die feuchtwarmen Bedingungen und leben in den Lücken zwischen Ästen und Zweigen. Blindschleichen sind keine Schlangen, sondern zählen zur Familie der Schleichen. Sie sind mit den Eidechsen verwandt. Ihre Gliedmaßen sind zurückgebildet, bei Bedrohung können sie wie Eidechsen ihren Schwanz abwerfen, der dann jedoch nicht wieder komplett nach-

Blindschleichen lieben die Wärme zwischen verrottendem Material und sie finden im Kompost Beutetiere.

wächst, sondern zu einem Stummel vernarbt. Im Gegensatz zu den lidlosen Augen der Schlangen können Blindschleichen mit ihren Augen sehr wohl blinzeln und blind sind sie schon gar nicht.

Blindschleichen legen keine Eier, sie gebären lebende Junge. Deren Eihülle reißt beim Austritt während der Geburt auf. Ihre Nester legen die Tiere bevorzugt in Kavernen im Totholz oder in Hohlräumen unter Steinen an. Sie ernähren sich hauptsächlich von Nacktschnecken, von Regenwürmern, von Spinnen und Insekten. Für die Winterruhe ziehen sie sich in tiefere Bodenschichten zurück. Erst im März oder April kommen sie wieder an die Erdoberfläche.

Die glattschuppigen, bis etwa 45 cm langen, grausilbrigen bis braunen Echsen sind hierzulande in den Gärten selten geworden. Durch den Ordnungssinn der Menschen haben sie zu wenig Lebensraum, obendrein stellen ihnen Hauskatzen nach. In Asthaufen im naturnahen Garten und im lockeren Kompostmaterial finden sie Versteckmöglichkeiten. Stört man beim Umsetzen des Kompostmaterials oder bei der Kompostentnahme eine Blindschleiche auf, so sollte man die Arbeit einfach für eine Weile unterbrechen, damit sich das ohnehin scheue Tier zurückziehen kann. Freuen Sie sich über jede Blindschleiche in Ihrem Garten.

Kröten

Wie die Frösche zählen die Kröten zu den Froschlurchen, einer Ordnung innerhalb der Klasse der Lurche. Die Familie der Echten Kröten ist darunter die artenreichste. Hierzulande leben nur die Erdkröte, die Wechselkröte und die Kreuzkröte. Die kräftigen Tiere haben gedrungene Körper mit kurzen Schnauzen. Ihre unauffällig gefärbte Haut ist

Erdkröten legen ab Mitte März meterlange Laichschnüre in seichtem Wasser ab. Die Tiere verhalten sich sehr standorttreu, ansiedeln lassen sie sich am besten als Kaulquappen.

trocken und mit warzenartigen Erhebungen übersät. In ihnen münden Drüsen, die bei Gefahr durch Fressfeinde oder bei Befall durch Hautparasiten ein giftiges Abwehrsekret freisetzen. Kröten besitzen relativ kurze und im Vergleich zu Fröschen weniger kräftige Hinterbeine. Daher hüpfen sie unbeholfen, sie schreiten eher. Kröten sind Amphibien. Zur Fortpflanzung suchen sie Laichgewässer auf. Ihre Larven entwickeln sich im Wasser. Erwachsene Tiere leben an Land. Die Echten Kröten sind dämmerungs- und nachtaktiv, sie verbergen sich tagsüber an dunklen, feuchten Stellen, eben auch im Komposthaufen. Dort finden sie überdies geeignete Nahrung in Gestalt von Insekten, Schnecken und Würmern. Da sie viele Schädlinge vertilgen, sind Kröten wertvolle Gäste im Garten.

Igel

Zu den Sympathieträgern unter den Tieren im Garten zählt der Igel. Er lebt im Unterwuchs und fühlt sich in eingewachsenen, nicht allzu ordentlichen Gärten und Parks wohl. Die Nahrung des Igels besteht vorwiegend aus Insekten, Spinnen und anderen Kleintieren. Nur wenn die Nahrung knapp ist, frisst er auch Schnecken. Der Igel ist also keineswegs der Schneckenvertilger, als der er gelegentlich beschrieben wird. Wenn es Zutritt erhält, verbirgt sich das nachtaktive Tier tagsüber gern im Sammelhaufen am Kompostplatz.

Für den Winterschlaf sucht sich der Igel in der Regel ein geschützteres Quartier, das er sich mit Moos, Heu und Blättern auspolstert. Immer wieder kommt es jedoch vor, dass sich ein Igel im locker aufgeschichteten Astwerk am Kompostplatz für den Winterschlaf einrichtet. Um das Tier zu schützen, sollte man das aufgesammelte Material zwischen November und März nicht mehr bewegen. Zum Schutz des Igels darf man im Herbst Laubhaufen nicht lange liegen lassen. Es besteht

Der Igel findet im Kompost zeitweise Unterschlupf. Er geht dort auf Jagd nach Kleintieren.

die Gefahr, dass sich ein Tier für den Winterschlaf darunter verkriecht. Das Laub fällt im Winter zusammen und bietet keinerlei Schutz mehr vor der Kälte. So kann ein Laubhaufen zur tödlichen Falle werden.

Igel tragen zu einem lebendigen Garten bei. Zu ihrem Schutz kann der Gärtner einiges tun. Nicht unbedingt braucht man ein kostspieliges, wenn auch dekoratives und zweckmäßiges Igelhaus zu kaufen. Dem Igel behagt schon ein Unterschlupf in einem Asthaufen, wo er sich untertags verkriechen kann. Im ausgepolsterten Nest hält er Winterschlaf. Äste fallen im Garten ständig als Schnittgut an. Aufgeschichtet zu einem Haufen, fügen sie sich in einen natürlich gestalteten Garten bestens ein. Ergänzt um Reisig und Laub, ergibt sich ein behagliches Igelquartier. Da die Äste im Lauf der Zeit verrotten, muss man immer wieder Holz und Reisig aufschichten.

Spitzmäuse

Spitzmäuse sind näher mit den Nagern als mit den Mäusen verwandt. Mit den gefürchteten Wühlmäusen, die Wurzeln anfressen und Blumenzwiebeln zerstören, haben sie wenig gemeinsam. Spitzmäuse ernähren sich von Insekten, Würmern und Weichtieren, zum Beispiel von Schnecken. Sie sind sehr nützlich im Garten. Der Tagesbedarf an Beutetieren entspricht in etwa ihrem eigenen Körpergewicht. Die possierlichen Säugetiere mit langem Schwanz und spitzer Schnauze lieben dämmrige, feuchte Bedingungen. Daher finden sie gelegentlich Unterschlupf im Kompost. Je nach Art sind Spitzmäuse nur nachts oder sowohl am Tag als auch in der Nacht aktiv.

Spitzmäuse fressen Insekten, Würmer und vor allem auch Schnecken.

Werkzeug und Geräte für die Kompostbereitung

Mit Ausnahme eines Häckslers braucht man für die Bereitung von Kompost keine speziellen Geräte, und selbst der Häcksler ist nicht unbedingt erforderlich. Von den üblichen Werkzeugen im Garten kommt allerhand zum Einsatz: die **Gartenschere** zum Kleinschneiden von Stängeln, die **Rosenschere** zum Zerschnipseln von Zweigen, die **Astschere** zum Abzwicken von Ästen, der **Fuchsschwanz,** um stärkere Äste zu zerteilen, die **Grabegabel** zum Umsetzen des Kompostes.

Außerdem benötigt man mehrere **Eimer** oder Bottiche zum Sammeln und Verteilen von Material. Ein grobmaschiges **Sieb** leistet gute

Werkzeuge und Geräte müssen trocken lagern. Im Gartenhaus sind sie gut verstaut.

Dienste, um fertigen Kompost von verbliebenen groben Stücken zu trennen. Man stellt es schräg auf und wirft mit einer **Schaufel** den bereiteten Kompost hindurch. Eine Schaufel braucht man auch, um Kompost zu verteilen oder um ihn in Pflanzlöcher zu geben. Für den Transport von Erde, Kompost und Zuschlagsstoffen benötigt man unterschiedlich große Eimer, größere Mengen transportiert man am besten mit einer **Schubkarre.**

Häckselgeräte

Mit Hilfe eines Häckslers lassen sich Grünabfälle, wie Äste, Sträucher und Wurzeln, zerkleinern. Dieses Gartengerät wird auch als Schredder oder Shredder bezeichnet. Häcksler arbeiten zum Beispiel mit Messern, mit Walzen oder über ein Wendelschneidwerk. Angetrieben werden sie von Elektromotoren oder Verbrennungsmotoren. Der Grünabfall wird in der Regel in einen Einfüllbehälter gefüllt, im Gerät zerkleinert und danach ausgeworfen. Das Material kommt auf den Kompost oder eignet sich als Mulch zur Abdeckung des Bodens.

Für die Auswahl des passenden Gerätes sollte man sich mit den unterschiedlichen Techniken vertraut machen und man sollte sich überlegen, welches Material im Garten anfällt und wo das Gerät zum Einsatz kommt.

Messerhäcksler

Beim Messerhäcksler sitzen Messer auf einer rotierenden Scheibe, die von einem Motor angetrieben wird. Die Messer zerschneiden die Äste in kleine Stücke. Durch die schnelle Rotation der Messer arbeiten Messerhäcksler sehr laut. Daher eignen sich diese Geräte nicht so gut zur Nutzung in dicht besiedelten Wohngebieten, wo sich Nachbarn manchmal schnell gestört fühlen. Die Messer liefern Schnittgut mit glatten Schnittkanten. Es eignet sich mit diesen sauberen Kanten gut als Mulch. Für die Bereitung von Kompost ist es dagegen weniger gut geeignet, da die Angriffsfläche für Mikroorganismen vergleichsweise klein ist. Die Verrottung der Abfälle dauert dadurch länger.

Messerhäcksler arbeiten zwar schnell, doch Verzweigungen an Ästen muss man abtrennen, bevor man die Äste und Seitenzweige einzeln in die Maschine einlegen kann. Messerhäcksler zerkleinern auch krautiges Material ohne Probleme. Allerdings verstopfen sie relativ leicht. Für diesen Fall haben sie meist eine »Reverse-Funktion« (Rückwärtslauf), die dazu dient, das festgesetzte Material zu lösen, ohne ins (selbstverständlich ausgeschaltete!) Gerät greifen zu müssen.

Die Messer müssen regelmäßig nachgeschliffen werden. Man kann dies mit einem Schleifstein selbst besorgen, kann die Messer aber auch zum Schleifen weggeben. Oft sind Ersatzmesser günstig zu bekommen. Manche Geräte besitzen Messer mit zwei Schneiden, die man bei Bedarf umdrehen kann.

Walzenhäcksler

Beim Walzenhäcksler zieht eine Walze die Gartenabfälle ein und zerdrückt sie an einer Druckplatte oder Walze. Walzenhäcksler arbeiten deutlich geräuschärmer als Geräte mit Messerschneidewerken. Walzenhäcksler zerquetschen die Äste und erzeugen daher beim Zerkleinern der Gartenabfälle eine größere Angriffsfläche für die Organismen im Komposthaufen. Durch die breite Einfuhröffnung ziehen sie auch verzweigtes oder krumm gewachsenes Material selbsttätig nach, man muss nicht nachschieben. Nicht nachgezogen wird krautiges Material, wodurch sich Walzenhäcksler weniger gut für das Zerkleinern von Stauden, Sommerblumen und Wurzeln eignen. Den Abstand zwischen Walze und Gegenplatte muss man nach einiger Zeit nachstellen, wenn das Gerät nicht mehr wunschgemäß arbeitet. Dazu ist außen eine Handschraube angebracht. Walzenhäcksler neigen weniger zum Verstopfen als Messerhäcksler. Sind sie allerdings so stark verstopft, dass auch der Rückwärtslauf nicht hilft, muss das Gerät komplett auseinandergebaut werden. Nach einigen Jahren im Gebrauch sollte man die Walze herausnehmen und zum Schleifen zu einem Fachmann bringen. Walzenhäcksler sind meist teurer als Messerhäcksler.

Wendelhäcksler

Das Wendelschneidwerk, Schneckenschneidwerk oder Spindelschneidwerk eines Wendelhäckslers funktioniert nach demselben Prinzip wie das eines Fleischwolfes: Ein schneckenförmiges, scharfkantiges Häckselwerk zieht das Schnittgut ein und zerkleinert es. Es arbeitet ebenso kraftvoll und langsam wie ein Walzenschneidwerk und es hat die gleichen Vorzüge und Nachteile wie dieses. Wendelhäcksler kommen jedoch ohne Gegenplatte aus und müssen daher nicht regelmäßig nachgestellt werden. Da das Messer langsam rotiert, sind die Geräte ähnlich leise wie Walzenhäcksler.

Hammerwerkshäcksler

Im Inneren eines Hammerwerkshäckslers schlagen kleine »Hämmer« das Häckselgut in Stücke. Diese Bauart findet man eher selten im Handel. Die Geräte sind vergleichsweise teuer.

Einen Häcksler auswählen

Für die Auswahl eines Häckslers spielt auch dessen Leistung eine Rolle. Häcksler mit 230-Volt-Wechselstrommotor bewältigen Äste mit Durchmessern bis etwa 4 cm. Bei dickeren Ästen verstopfen die Geräte leicht, weil die Motorleistung nicht ausreicht. Für den Betrieb mit Wechselstrommotor benötigt man einen Stromanschluss im Garten oder man muss ein Verlängerungskabel vom Haus bis zum Arbeitsplatz verlegen können. Häcksler mit 400-Volt-Drehstrommotor sind leistungsstärker und können Äste mit Durchmessern bis mindestens 8 cm durchtrennen. Doch über einen dafür notwendigen Starkstromanschluss verfügt ein normaler Haushalt nur in der Küche für den Elektroherd.

Die höchste Leistung erzielen Häcksler mit Verbrennungsmotoren, also Zweitaktmotoren oder Viertaktmotoren. Mit ihnen können auch sehr dicke Äste zerhäckselt werden. Verbrennungsmotoren benötigen für den Antrieb Diesel oder Benzin, sie kommen ohne Stromanschluss aus. Daher kann man sie außerhalb von Siedlungsgebieten, in Gärten vor der Stadt oder auf Obstbaumwiesen, betreiben. Allerdings sind die

Kosten für einen mit Verbrennungsmotor betriebenen Häcksler recht hoch, sodass die Geräte für Hobbygärtner meist ausscheiden. Eine gemeinschaftliche Anschaffung kann für Gartenbauvereine, Schrebergärtner und Nachbarn eine Überlegung wert sein.

Im Handel werden die unterschiedlichsten Modelle angeboten, und man sollte sich bei der Auswahl nicht allein von der Leistung oder vom Preis leiten lassen. Im Internet findet man aussagekräftige Testberichte, die teuersten Geräte müssen nicht zwangsläufig die besten sein, und ausgefeilte Technik ermöglicht häufig ein besseres Ergebnis als allein hohe Leistung. Auf alle Fälle sollte ein Gerät ein Prüfsiegel aufweisen, möglichst das GS-Zeichen (Geprüfte Sicherheit) und das blaue Oktagon von TÜV SÜD Product Service.

Ein Auffangsack für das gehäckselte Material sollte vorhanden sein. Sonst streuen klein gehackte Teile durch den ganzen Garten und man hat Mühe, das Schnittgut aufzukehren. Wenn größere Mengen an Geäst anfallen, erweist sich ein hoher Einfülltrichter als praktisch. Für stark verzweigtes Astwerk wählt man eine breite Einfüllöffnung. Einen Häcksler muss man im Garten an die richtige Stelle bringen. Die Räder zum Bewegen des Gerätes müssen ausreichend groß und gut gelagert sein, außerdem müssen sie leicht laufen.

Wichtig ist die Reverse-Funktion, mit der man Walze oder Schneidwerk in die entgegengesetzte Richtung drehen kann, um festgesetztes Material zu lösen.

Jeder Häcksler verursacht Lärm. Vor allem am Messerhäcksler sollte man grundsätzlich nur mit Gehörschutz arbeiten. Schutzkleidung ist Pflicht! Machen Sie sich vor Inbetriebnahme Ihres Gerätes genau mit dessen Bedienungsanleitung und den Sicherheitshinweisen des Herstellers vertraut.

Kompostieren auf kleinem Raum

Auch auf kleinem Raum und ohne Kontakt des zu zersetzenden Materials mit dem anstehenden Erdboden lässt sich erfolgreich kompostieren – zum Beispiel auf dem Balkon, im Hinterhof oder auf der Terrasse. Zwei Möglichkeiten werden im Folgenden vorgestellt: die Bereitung von Wurmkompost mit Hilfe von Kompostwürmern in einer Wurmkiste und die Herstellung von Bokashi mit Hilfe Effektiver Mikroorganismen (EM) in einem Bokashi-Eimer.

Wurmkompost

Kompostwürmer erzeugen innerhalb kurzer Zeit aus organischen Abfällen wertvollen Rohhumus (siehe auch Seite 120). Die Umsetzung kann in einer Wurmkiste oder anderen speziellen Behältern erfolgen. Der Kompostwurm ist meist genügsam in der Haltung: Er kommt mit niedrigen Sauerstoffgehalten zurecht, sodass eine Abdeckung für ihn keine Einschränkung bedeutet. Kurzzeitig kann er seinen Stoffwechsel so umstellen, dass er auch ohne Sauerstoff aus der Luft überleben kann.

Wurmkiste im Eigenbau

Ein geschlossener Behälter, eine Wurmkiste, bietet sich an, wenn für die Kompostierung kein gewachsener Boden zur Verfügung steht. Damit kann man auch auf einer Terrasse oder auf dem Balkon kompostieren. Fertige Kisten für die Herstellung von Wurmkompost kann man, aus Holz oder Kunststoff hergestellt, im Handel kaufen. Aus Holzlatten ist eine geeignete Kiste aber auch schnell selbst gebaut. Die Abmessungen von Länge und Breite hängen vom zur Verfügung stehenden Platz ab. Die Höhe der Kiste sollte etwa 30 cm betragen, in höheren Kisten ist die Durchlüftung beeinträchtigt. Eine Grundfläche von 60 × 90 cm erweist

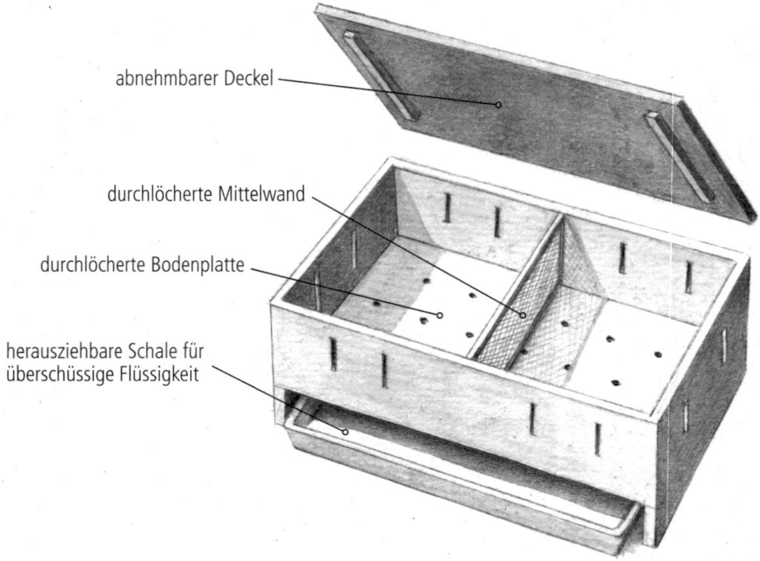

Eine Wurmkiste mit zwei Kammern erlaubt das Beschicken auf einer Seite, während auf der anderen Seite die Rotte abläuft. Die Kompostwürmer können durch die löchrige Zwischenwand ausweichen. Eine Schale fängt austretende Flüssigkeit auf.

sich als ideal, größere Kisten lassen sich nur mit Mühe transportieren. Bei umfangreichen Mengen zu kompostierenden Materials baut man lieber zwei oder mehr Kisten, die man noch einigermaßen komfortabel tragen kann.

Das verwendete Holz muss unbehandelt und frei von Formaldehyd sein, was man im Falle von Spanplatten beim Händler erfragen muss. Gut eignen sich Bretter oder Platten aus unbehandeltem Nadelholz, das man sich im Baumarkt gleich passend zuschneiden lassen kann. Die Rottevorgänge kann man gut beobachten, wenn eine Seitenwand aus durchsichtigem Kunststoff gefertigt wird. Nicht nur für Kinder bedeutet dies eine wertvolle Erfahrung.

In die Bodenplatte werden etwa 6 mm große Löcher im Abstand von knapp 20 cm gebohrt, damit überschüssiges Sickerwasser abfließen kann. Da durch die so durchlöcherte Bodenplatte Feuchtigkeit nach außen dringt, muss man die Kiste über einer flachen Schale, zum Beispiel aus Kunststoff, aufstellen. Die Abmessungen der Kiste sollten so auf die Schale abgestimmt sein, dass man die Kiste mit Abstandshaltern in Form von Holzklötzen oder Steinen darüber aufstellen kann – und man muss die Schale leicht darunter wegziehen können, um sie unkompliziert leeren und säubern zu können. Für eine elegantere Konstruktion werden die Seitenwände der Kiste so zugeschnitten und angebracht, dass sie nach unten überstehen und als Abstandshalter fungieren. Für eine gute Durchlüftung sollten auch sie zur Kammer hin Löcher oder Schlitze aufweisen oder man setzt mehrere Latten aneinander, die dann zwangsläufig Spalten aufweisen.

Ein Lochblech oder grobmaschiges Drahtgitter senkrecht in der Kistenmitte eingesetzt, bietet den Vorteil, dass man Wurmkompost in zwei Kammern herstellen kann: Fertiger Kompost kann aus der einen Hälfte entnommen werden, während man die andere Hälfte weiterhin mit Abfällen beschickt. Die Maschen oder Löcher der Zwischenwand müssen weit genug sein, damit die Kompostwürmer hindurchschlüpfen können (siehe auch Abbildung). Zugleich können die Kompostwürmer ausweichen, wenn es ihnen in einem Teil der Kiste zu heiß wird.

Eine Wurmkiste braucht eine leicht abnehmbare und wieder aufsetzbare Abdeckung. Ganz einfach kann man Teichfolie darüberlegen, in die man Luftlöcher sticht und die man mit Spanngummis oder mit Hilfe einer Schnur befestigt. Weniger provisorisch wirkt ein passender Holzdeckel, der entweder auf der Kiste aufliegt oder mit Scharnieren zum Öffnen und Schließen angeschraubt wird.

Befüllt wird die Kiste zuerst mit einer 1 bis 2 cm dicken Schicht aus sandiger Erde. Darauf kommt 15 bis 20 cm hoch zerknülltes Papier, zerkleinerte Wellpappe oder zerrupfte Eierkartons. Das Papier und die Pappe müssen gut angefeuchtet werden. Nun kann man Küchenabfälle einschichten. Damit es nicht zu Schimmelbildung und zu Fäulnis kommt, fügt man anfangs höchstens zwei Handvoll pro Tag hinzu. Über die Füllung legt man zum Schluss eine Lage feuchtes Zeitungspapier, um die Verdunstung gering zu halten.

Auch in der Wurmkiste gehen die Küchenabfälle zunächst in eine Heißrottephase über. Dabei entstehen sogar in der Kiste Temperaturen von über 40 Grad, die kein Wurm überleben würde. Daher wartet man mit dem Einbringen von Kompostwürmern sechs bis acht Wochen. Kompostwürmer kann man über das Internet oder im Gartenfachhandel erwerben (siehe auch Seite 156). Oder man zweigt eine Handvoll Kompostwürmer von einer bereits bestehenden Wurmkiste ab. Bei einem weniger dichten Besatz vermehren sich die Kompostwürmer anfangs schneller. Mit der Zeit stellt sich ein Gleichgewicht zwischen anfallender Kompostmenge und Anzahl der vorhandenen Kompostwürmer ein. Von Zeit zu Zeit sollte man ein wenig Gesteinsmehl aufstreuen. Es verbessert die Rotte und fördert die Vitalität der Kompostwürmer.

Feuchtigkeit ist wichtig, daher sollte man das Kompostmaterial alle drei bis vier Wochen gießen – bei hohen Außentemperaturen und Trockenheit im Sommer häufiger. Da Küchenabfälle in der Regel jedoch einen hohen Wassergehalt haben, muss man selten anfeuchten. Ist das Material stark wassergetränkt, fügt man Zeitungspapier oder Pappe hinzu, um die Feuchtigkeit aufzusaugen. Richtig nass sollte das Material nicht sein, weil es dann schimmeln und faulen kann und den Kompostwürmern nicht bekommt. Zugleich sollte man stets auf eine gute Belüftung achten.

Auch für den Wurmkompost braucht es Geduld. Bis der Kompostierungsprozess in Gang kommt, darf man nur geringe Mengen einfüllen und überhaupt ist eine regelmäßige Beschickung wichtig. Frisches Kompostgut darf man nicht höher als 5 bis 10 cm aufschichten. Man kann weiterhin frische Abfälle zugeben, solange sich Würmer in der obersten Schicht befinden. Sammelt sich ein Übermaß an Abfällen in der Kompostkiste an, weil die Kompostwürmer nicht nachkommen, muss man die Beschickung eine Weile aussetzen. Ansonsten beginnt der Abfall zu faulen. Das stört die Würmer, bewirkt unangenehme Gerüche und lockt Fliegen an. Weil Kompostwürmer so empfindlich auf Faulgase reagieren, darf man frisches Material immer nur flächig auftragen.

Kompostwürmer brauchen abwechslungsreiche Nahrung, mindestens zu einem Viertel Anteil durchsetzt von zellulosereichem Material wie zerrissenem Karton, Eierschachteln oder Zeitungspapier. Laub oder

Grasschnitt gehört nicht in die Wurmkiste. Dieses Material erhitzt sich zu stark und auch das beim Rotten frei werdende Ammoniak würde die Würmer schädigen. Ebenso gehören stark salzhaltige Speisen, Milchprodukte und größere Mengen von Fleischresten nicht in die Kiste. Darüber hinaus gelten hinsichtlich der Materialien, ihrer Zerkleinerung und Mischung die gleichen Empfehlungen wie für die »normale« Kompostierung, zum Beispiel im Komposthaufen (siehe Seite 62).

Aufgestellt wird die Wurmkiste an einer schattigen, vor Regen geschützten Stelle. Kompostwürmer entwickeln sich am besten bei Temperaturen zwischen 20 und 25 Grad. Man muss die Wurmkiste daher vor Hitze und praller Sonne schützen, im Winter braucht sie einen frostfreien Platz im Haus. Zwar darf die Temperatur kurzzeitig unter 10 Grad sinken, bei Frost sterben die Kompostwürmer jedoch ab.

Ideal für Kompostwürmer ist ein ungefähr neutraler pH-Wert, saure Verhältnisse schaden ihnen. Um eine Absenkung des pH-Wertes in saure Bereiche zu vermeiden, kann man alle zwei oder drei Wochen eine halbe Tasse voll Algenkalk hinzufügen oder man setzt einen Säureregulierer aus dem Handel nach Angaben des Herstellers auf der Verpackung ein.

Bis sich Sickerwasser in der Auffangschale unter der Wurmkiste ansammelt, vergehen meist mehrere Monate. Die aufgefangene Flüssigkeit weist einen hohen Nährstoffgehalt auf. Daher eignet sie sich bestens zur Düngung von Zimmerpflanzen und Balkonpflanzen. Dafür wird sie mit Wasser im Verhältnis 1 : 10 verdünnt.

Eine Wurmkiste kann für rund zwei Wochen sich selbst überlassen werden, wenn man zum Beispiel in Urlaub fahren möchte. Allerdings muss man die Würmer mit einem entsprechenden Nahrungsvorrat versorgen. Vertilgen sie erfahrungsgemäß zum Beispiel 300 g organische Stoffe pro Tag, sollten sie für eine vierzehntägige Abwesenheit Nahrung im Gewicht von 3 bis 3,5 kg erhalten. Im Sommer sollte eine Urlaubsvertretung zusätzlich einmal wöchentlich den Feuchtigkeitsgehalt prüfen und bei Bedarf Wasser aufbringen.

Wenn die Rotte gut abläuft, kann man zweimal im Jahr Wurmhumus entnehmen. Man kann ihn im Garten als Bodenzuschlagsstoff einsetzen oder man verwendet ihn für qualitativ hochwertige

Blumentopferde. Dafür mischt man gleiche Mengen von Wurmhumus, Perlite, Sand und Kokosfasern oder kompostierte Rinde. Man kann Wurmhumus auch direkt an den Wurzelballen einer Topfpflanze geben, indem man eine gut 1 cm dicke oberste Schicht Erde mit einer Schaufel aus dem Topf nimmt, stattdessen Wurmkompost einfüllt und ganz leicht untermischt. Zur regelmäßigen Nährstoffversorgung von Topfpflanzen genügt ein Teelöffel oder Esslöffel Wurmkompost pro Monat.

Für die Verwendung in Blumentöpfen dürfen keine Kompostwürmer mehr im Wurmkompost enthalten sein. Man kann die Kompostwürmer absammeln oder absieben. Wer dagegen eine Abneigung hat, kann folgendermaßen vorgehen: Man füllt den Wurmkompost in ein grobmaschiges Sieb und legt es über einen Behälter, der ein wenig Erde enthält. Das Ganze stellt man unter einer Rotlichtwärmelampe auf. Durch die entstehende Wärme ziehen sich die Kompostwürmer aus dem Kompost im Sieb in die Erde des Behälters zurück. Dafür muss man ihnen genug Zeit von mindestens sechs Stunden geben.

Besteht die Wurmkiste aus zwei durch eine gelochte Mittelwand getrennten Kammern, kann man jeweils eine Hälfte befüllen. Ist der Wurmkompost in der einen Hälfte fertig, lässt man ihn abtrocknen, sodass die Kompostwürmer in die feuchtere Kammer mit dem attraktiveren Nahrungsangebot wandern. Der entnommene Wurmkompost der ersten Kammer enthält dann keine Würmer mehr.

Käufliche Behälter für Wurmkompost

Im Handel sind verschiedene Systeme erhältlich, die in mehreren Etagen auf raffinierte Weise Küchenabfälle zu Wurmkompost verarbeiten. Produkte wie »Worm Café« oder »Can-O-Worms« arbeiten nach dem gleichen Prinzip: Verschiedene Behälter aus Kunststoff stapeln sich übereinander und stehen auf Beinen. Zunächst wird die unterste Etage befüllt. Man gibt zunächst eine wenige Zentimeter dicke Substratschicht, meist Kokosfaser, hinein. Dieses Substrat wird in Sets zusammen mit den Kompostwürmern geliefert. Diese entlässt man in das eingefüllte Substrat. Die Anbieter betonen, dass man sofort Abfälle in die Komposter einfüllen kann. Ist diese erste unterste Kammer voll, beginnt die Füllung der darüberliegenden Etage, die Kompostwürmer wandern nach oben, wenn die Nahrung in der unteren Etage knapp wird. Die Beschickung geht weiter voran, bis die oberste Etage befüllt ist. Dann ist das Material im untersten Behälter so weit abgebaut, dass man ihn leeren kann. Er nimmt dann wieder frisches Material auf, der Kreislauf beginnt von Neuem, weil die Kompostwürmer von oben wieder zuwandern.

Mit den Behältern werden teilweise Abdeckmatten aus Kokos geliefert. Sie schützen vor Licht und Austrocknung. Die Komposter schließen zudem in der Regel mit gelochten Deckeln ab, die die erforderliche Luftzufuhr gewährleisten. Die turmartig aufgebauten Systeme enthalten außerdem Sammelschalen für austretendes Sickerwasser, das man mit Hilfe von Auslasshähnen entnehmen kann. Ablaufende Flüssigkeit muss man in regelmäßigen Abständen ablassen.

Bokashi

Auf ähnliche Weise wie eine Wurmkiste beansprucht der Bokashi-Eimer wenig Raum. Er findet Platz zum Beispiel auf dem Balkon oder im Keller. Wie so viele andere platzsparende Lösungen kommt die Idee dafür aus Japan. Das japanische Wort »Bokashi« bezeichnet das »fermentierte organische Allerlei«. Der Bokashi-Eimer schluckt organische Reste aus der Küche, liefert mit Hilfe bestimmter Mikroorganismen Humus oder Flüssigdünger und das entstehende Sickerwasser soll zudem – in die Abflussrohre gegossen – wie ein biologischer Abflussreiniger wirken.

Der japanische Professor für Gartenbau Teruo Higa entdeckte die Wirkung von Mikroorganismen auf organische Abfälle 1982 eher zufällig, als er Experimente zur Bodenfruchtbarkeit durchführte. Er experimentierte mit Mikroorganismen und stellte fest, dass Gras dort am besten wuchs, wo er die Überreste seiner Arbeit entsorgt hatte. Mit dieser Entdeckung begann die Entwicklung der Bokashi-Methode zum Abbau organischer Materialien.

Die Fermentation von organischen Stoffen verläuft im Bokashi-Eimer unter Ausschluss von Sauerstoff, angeregt durch Bokashi-Kleie.

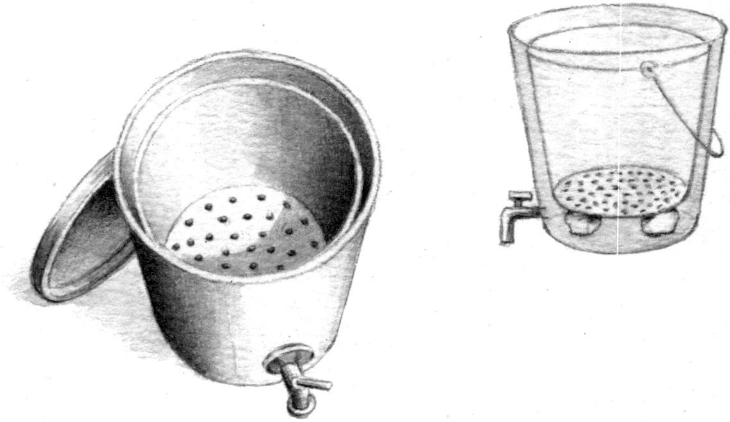

Im Bokashi-Eimer vergären organische Abfälle unter Luftabschluss. Über einen Hahn wird austretende Flüssigkeit abgelassen. Sie dient verdünnt als Pflanzendünger.

Das ist eine Mischung aus Melasse, Kleie und sogenannten Effektiven Mikroorganismen, abgekürzt EM. Diese wiederum setzen sich unter anderem zusammen aus Fotosynthesebakterien, Hefen und Milchsäurebakterien, wie sie teilweise auch in fermentierten Lebensmitteln wie Bier, Joghurt und Sauerkraut vorkommen.

Der Bokashi-Eimer schluckt organische Reste aus der Küche: Putzabfälle von Obst und Gemüse, Krümel von Gebackenem, Rohes wie Gekochtes, auch Milchprodukte, Fleisch oder Fisch. Nach dem Einfüllen der Reste in den Eimer wird die Bokashi-Kleie aufgestreut, bevor man den Behälter verschließt. Das Kleieferment reichert die Küchenabfälle mit den erwünschten Mikroorganismen an. Abgeschlossen von Luft, zersetzt sich das organische Material. Dabei entsteht ein milder Säuerungsgeruch, ähnlich wie bei der Gärung von Sauerkraut. Nach jedem Einschichten muss man das Material gut verdichten und das Gefäß dann wieder möglichst luftdicht verschließen. Es wird empfohlen, Küchenabfälle über zwei Tage hinweg zu sammeln und erst dann den Bokashi-Eimer damit zu befüllen.

Verläuft der Abbau gut, ist kein unangenehmer Fäulnisgeruch wie von stehen gelassenem Biomüll zu befürchten. Stinkt es aus dem Eimer, ist das ein Zeichen dafür, dass Luft eingedrungen ist. Dann muss man für eine bessere Verdichtung sorgen. Komprimieren kann man das gesammelte Material, indem man einen mit Sand gefüllten Sack oder Beutel darauf legt.

Die Effektiven Mikroorganismen arbeiten optimal bei 20 bis 25 Grad. Liegen die Temperaturen unter 8 Grad, ruhen die Organismen. Das bedeutet, dass der Bokashi-Eimer im Winter nicht auf dem Balkon stehen kann, er braucht einen Platz im Haus, wobei ein kühler, nicht geheizter Raum ausreicht. Die Fermentierung dauert mindestens zwei, eher drei Wochen, bei niedrigen Temperaturen muss man mit sechs Wochen rechnen. Je kleiner das Material geschnitten ist und je besser es untereinander und mit den Mikroorganismen vermischt wird, desto schneller reift es. Günstig ist ein gleichmäßig temperierter Platz, Orte in der prallen Sonne eignen sich nicht.

Bei der Fermentierung der organischen Stoffe wird Wasser freigesetzt. Um dieses Sickerwasser abzulassen, besitzt der im Handel erhältliche Bokashi-Eimer einen Auslasshahn. Die gewonnene, nährstoffreiche Flüssigkeit kann man als Flüssigdünger einsetzen, wenn man sie im Verhältnis von 1:200 mit Wasser verdünnt. Dafür gibt man 5 ml Sickerwasser auf 1 l Gießwasser. Unverdünnt in den Abfluss gegossen, soll die Flüssigkeit wie ein biologischer Rohrreiniger wirken.

Den fertigen Bokashi kann man auf vielfältige Weise als Dünger verwenden. Das frische Material darf jedoch nicht mit lebenden Pflanzen in Berührung kommen, weil es einen niedrigen pH-Wert von etwa 4 aufweist und dadurch ätzend wirkt. Im Boden eingebracht, steigt der pH-Wert innerhalb von wenigen Tagen an, wodurch das Material pflanzenverträglich wird. Am besten gräbt man den fertigen Bokashi daher im Abstand von 20 bis 30 cm von Pflanzen in den Boden ein. Das Wachstum von Bäumen regt man an, wenn man außerhalb der Baumscheibe Löcher gräbt und den Bokashi darin eingräbt. Bei der verwendeten Menge sollte man ein wenig nach Gefühl vorgehen: Empfohlen wird für Stauden eine zweimalige Gabe im Herbst und Frühjahr von jeweils 50 g pro m^2, Gemüsebeete werden mit 100 g Bokashi pro m^2 versorgt, Rasenflächen erhalten (vor der Neuanlage) bis zu 200 g Bokashi pro m^2.

Vor der Verwendung als Substrat in Pflanzgefäßen muss der Bokashi rund zwei Wochen lang ruhen. Wer nicht so lange warten will, gibt etwas Pflanzerde in einen Topf und füllt Bokashi darauf, den man mit Erde bedeckt. Erst darauf wird der Wurzelballen gesetzt und mit Substrat eingebettet. Bis die Wurzeln zum Bokashi vordringen, hat sich dessen pH-Wert ausgeglichen. Im Winter kann man fertigen Bokashi in einen Sack geben, mit einfacher Erde mischen und in einem frostfreien Schuppen für den Frühling aufbewahren.

Bokashi-Eimer im Eigenbau

Bokashi-Eimer sind im Versandhandel erhältlich. Sie sind aus einem speziellen Kunststoff gefertigt, der einen Anteil EM-Keramik enthält, der die Fermentierung fördern soll. In den Behältern liegt unten ein Gitter, auf dem der Bioabfall eingeschichtet wird. Durch das Gitter tropft das Sickerwasser nach unten, sodass man es über den eingebauten Zapfhahn ablassen kann. Da der gefüllte Bokashi-Eimer mindestens zwei Wochen lang ruhen muss, bis man den fertigen Bokashi entnehmen kann, benötigt man zwei Eimer, was für das Originalprodukt eine gewisse Investition bedeutet. Im Versandhandel sind für ein Eimerset derzeit knapp 70 Euro zu bezahlen. Dazu kommen noch etwa 15 Euro pro Kilogramm Kleieferment. Diese Menge reicht für etwa drei Monate.

Wer etwas handwerkliches Geschick hat, kann mit kostengünstigen Teilen aus dem Baumarkt Gefäße mit derselben Funktion wie das Originalprodukt selbst bauen. Man verwendet zum Beispiel zwei unterschiedlich große Farbmischeimer, die man ineinanderstellen kann. Ein Deckel zum Verschließen ist wichtig. Der Boden des inneren, kleineren Eimers wird durchlöchert, damit das Sickerwasser austreten kann. Oder man entfernt den Boden und klemmt stattdessen eine Lochplatte ein. Der kleine Eimer wird über einen Abstandshalter, zum Beispiel hochkant stehende Holzlatten, in den größeren Eimer gestellt. Komfortabel wird die Konstruktion, wenn sie zusätzlich mit einem Zapfhahn ausgestattet wird. Die gewählten Bauteile dürfen keine Metalle enthalten, weil diese die Tätigkeit der Mikroorganismen stören.

Auch das Kleieferment kann man mit Zutaten, die man zum Beispiel über das Internet erwirbt, selbst herstellen:

Rezept für Bokashi-Ferment

50 ml Zuckerrohrmelasse
1 l warmes Wasser
50 ml Mikrobenstarter EM 1
3 kg Weizenkleie

Die zähflüssige Melasse wird im warmen Wasser aufgelöst. Der darin gelöste Zucker dient als Energiequelle für die Mikroorganismen. Die Mikroorganismen werden zusammen mit der Kleie in das Zuckerwasser gegeben. Die vermischte Menge wird portionsweise in Gefrierbeutel gefüllt, die man fest verschließt und warm lagert. Bei Zimmertemperatur erhält man nach drei Wochen ein gebrauchsfertiges Kleieferment. Kühl gelagert, bleibt das selbst hergestellte Ferment über Monate hinweg gebrauchsfertig.

Sonderformen von Kompost

Laubkompost

Falllaub fällt in den meisten Gärten jedes Jahr in nicht selten großen Mengen an. Der naturgemäße Platz dafür wäre unter den Gehölzen, damit die Rotte Nährstoffe freisetzt, die den Pflanzen zugutekommen. Früher hat man im Herbst Laub aus den Wäldern geholt und die abgeräumten Beete damit bedeckt. Im Frühjahr wurde das Laub abgeräumt und als Kompost aufgesetzt. Die Rotte dauert rund ein Jahr.

Kompost aus Laub zu bereiten, gehört zu den überlieferten gärtnerischen Fertigkeiten, denn es entsteht ein sehr feinkrümeliges Substrat, mit dem man Aussaatschalen abdecken kann. In reifem Laubkompost kann man Jungpflanzen weiterkultivieren. Vermischt mit Sand, entsteht ein hervorragendes Substrat für nässeempfindliche, wenig nährstoffbedürftige Pflanzen wie alpine Gewächse und Sukkulenten. Kompost aus Buchenblättern enthält viel Kalk; er eignet sich bestens für selbst bereitete Aussaaterden.

Für die Bereitung von Laubkompost kann man Laub verschiedener Baumarten mischen. Schnell wird das Laub von Obstbäumen, Birken, Haselnusssträuchern und Ahornen abgebaut. Die Blätter von Eiche, Kastanie, Platane und Walnuss verrotten dagegen sehr langsam. Man schichtet sie besser auf einen getrennten Haufen, der länger liegen muss. Die gerbsäurehaltigen Eichenblätter erhalten für eine verbesserte Rotte außerdem einen Zusatz von Kalk und Tonmehl (Bentonit).

Für Laubkompost sollte man die Blätter im feuchten Zustand zusammenrechen. Dürres Falllaub lässt sich nachträglich kaum benetzen. Andererseits ist auch nasses Laub ungeeignet, denn es verklebt und verschmiert. Eine bessere Sauerstoffzufuhr erreicht man, wenn wenig klein geschnittenes Reisig untergemischt wird. Dann aber muss man den fertigen Laubkompost vor der Verwendung durchsieben, weil die Holzteile länger brauchen, um zersetzt zu werden. Eine Beigabe von bereits gut verrotteter Lauberde fördert den Abbau. Außerdem

Da die Blätter verschiedener Baumarten unterschiedlich schnell verrotten, sollte man sie getrennt kompostieren. Eichenblätter zersetzen sich erst nach Jahren, Laubkompost von Linden und Birken ist nach einem Jahr fertig zum Gebrauch.

begünstigt ein Zusatz von stickstoffhaltigen organischen Substanzen den Abbau des stickstoffarmen Laubes.

Da Herbstlaub auf dem Komposthaufen leicht verklumpt, bietet es sich an, es extra zu kompostieren. Laubkompost muss unbedingt umgesetzt werden. Hat man ihn im Herbst aufgesetzt, geschieht das im späten Frühjahr des folgenden Jahres. Nicht fertiger Laubkompost eignet sich auch bestens dafür, offene Flächen für die Wintermonate abzudecken. Das Laub baut sich vollständig ab und wird im Frühjahr in die Erde eingearbeitet (siehe auch ab Seite 141).

Nadelkompost

Streu von Nadelgehölzen braucht relativ lange, um zu verrotten, deutlich länger als Laubblätter. Nadeln, die man dem gewöhnlichen Kompost beimischt, haben noch ihre Form, wenn andere Teile längst abgebaut sind. Sie sorgen dadurch für eine lockere Struktur und garantieren eine gute Durchlüftung.

Man kann Nadeln jedoch auch gesondert kompostieren. Abgefallene Nadeln von Lärchen oder vom Urweltmammutbaum ergeben im Herbst stattliche Haufen. Sie verrotten relativ schnell, während Fichtennadeln zwei bis drei Jahre dafür brauchen und Kiefernnadeln doppelt so lange, also vier bis sechs Jahre. Stickstoffreiche Brennnesseljauche fördert den Rottevorgang.

Der feinkrümelige Nadelkompost weist ein saures Milieu auf, daher eignet er sich hervorragend, um Beete für Moorbeetpflanzen abzudecken. Zu diesen Pflanzen, die nur bei niedrigen pH-Werten um 4 gut gedeihen, gehören zum Beispiel alle Rhododendren, einschließlich der Japanischen Azaleen, Heidekrautgewächse wie alle Auslesen von *Erica* und *Calluna,* Lavendelheide *(Pieris),* Berglorbeer *(Kalmia),* Dickmännchen *(Pachysandra)* und *Skimmia.* Auch Hortensien und Beerensträucher wie Kultur-Heidelbeeren oder Preiselbeeren benötigen sauren Boden. Daher ist es zweckmäßig, die Erde hierfür mit Nadelstreu oder Nadelkompost zu vermischen.

Rindenkompost

Nachdem die Holz verarbeitende Industrie Rinde lange Zeit als Abfallprodukt betrachtet hat, findet Rinde unter anderem im Garten zunehmend Einsatzmöglichkeiten: als Rindenmulch oder als Rindenkompost. Es handelt sich dabei um zwei verschiedene Produkte mit unterschiedlichen Eigenschaften. Wer sie verwechselt, riskiert unter Umständen Schäden an den Pflanzen.

Rindenmulch besteht aus zerkleinerter Borke von frisch gefällten Bäumen. Diese Borke weist noch hohe Mengen an Gerbstoffen auf, die das Pflanzenwachstum hemmen. Auch enthaltene Harze sind noch wenig abgebaut. Rindenmulch, auf Wege oder frische Pflanzungen aufgebracht, hemmt das Aufkommen unerwünschter Kräuter. Das Material darf jedoch nicht in Kontakt mit Kulturpflanzen kommen, schon gar nicht darf es in Pflanzlöcher geraten.

Aufgebrachter Rindenmulch zersetzt sich mit der Zeit, der Belag wird bei Nässe schwierig, oft siedeln sich darauf unansehnliche Blaualgen an. Das widerspricht dann dem Bestreben nach einem »sauberen« Aussehen.

Bei Rindenkompost handelt es sich dagegen um ein fertig abgebautes Produkt. Ebenso wie im Handel angebotenes Rindensubstrat eignet sich reifer Rindenkompost als Substrat für Topfpflanzen und kann Torf ersetzen. Im Vergleich zu Torf weist Rindenhumus einige Vorteile auf: Er ist dicht mit Mikroorganismen durchsetzt, während Torf eine abgestorbene Substanz ist. Substrate aus Rinde haben nach der Rotte einen pH-Wert von 5,5 bis 6,5, während Torf sauren Charakter besitzt.

Falls man Rindenkompost selbst herstellt, empfiehlt es sich, ihn nur aus Material von selbst geschlagenen Bäumen zu bereiten. Nadelholz, das im Wald während des Sommers geschlagen wird, erfährt meist eine Behandlung mit Insektiziden zum Schutz vor dem Borkenkäfer.

Die Rinde aller Baumarten eignet sich für die Herstellung von Rindenkompost. Man lässt sie am besten fünf Monate vorrotten, das heißt, man lässt sie einfach liegen. Das mürbe Material wird danach im Häcksler zerkleinert, was keinen hohen Energieaufwand bedeutet, und anschließend für die Rotte aufgeschichtet. Zuschläge von stickstoffhaltigen Substanzen wie Mist, Horngries oder Harnstoff (4 kg pro m^3) fördern die Rotte, ebenso eine Beigabe von Tonmehl (Bentonit) oder Gesteinsmehl, zum Beispiel Basaltmehl. Da verrottende Rinde Säuren abgibt, kann man ihr 10 kg Kalk pro m^3 beigeben, um die Säure zu neutralisieren. Unter guten Bedingungen erreicht eine Rindenmiete während der Rotte Innentemperaturen von 70 bis 80 Grad. Gelegentliches Befeuchten wirkt sich günstig auf die Rotte aus. Sobald sich das Material nach sechs bis zehn Monaten grob zersetzt hat, wird der Rindenkompost umgesetzt. Reif ist er, wenn er leicht zerfällt, von Bodenpilzen durchzogen ist und angenehm nach Walderde riecht. Das dauert insgesamt eineinhalb bis zwei Jahre.

Kompost aus Obsttrester

Pressrückstände aus der Obstsaftkelterei ergeben einen Kompost von hervorragender Qualität. In vielen Regionen Mitteleuropas stehen Obstbäume an den Rändern von Feldern und Straßen und prägen das Landschaftsbild. Streuobstanbau ist typisch zum Beispiel für Württemberg, wo seit Jahrhunderten große Obstbäume in weitem Abstand auf den Obstbaumwiesen gepflanzt und gepflegt werden.

Die Streuobstwiesen stehen je nach Region unter Naturschutz und örtliche Initiativen bemühen sich seit einigen Jahren verstärkt um das

Fertiger Kompost

Kompost kann man auch käuflich erwerben. Verschiedene Hersteller und die kommunalen Abfallwirtschaftsbetriebe bieten fertigen Kompost an. Das Material ist in der Regel so gut biologisch abgebaut, dass höchstens noch Holzstückchen oder Nussschalen zu erkennen sind. In den großen Kompostwerken entsteht bei der Rotte eine höhere Temperatur als im vergleichsweise kleinen Kompostbehälter im Garten. Eine anhaltend hohe Rottetemperatur ist den Betrieben vorgeschrieben, um die Hygieneanforderungen erfüllen zu können. Dadurch ist der Kompost in der Regel frei von Krankheitskeimen und Unkrautsamen. Aus dieser Sicht kann man derart hergestellten Kompost also bedenkenlos im Garten einsetzen. Man erhält mit ihm ein kostengünstiges Bodenverbesserungsmittel.

Dennoch sollte man ein wenig auf die Qualität achten, möchte man fertigen Kompost verwenden. Immer liegen Analysewerte vor, anhand derer man den pH-Wert und den Nährstoffgehalt des Materials überprüfen kann. Der unter Umständen hohe Anteil an Kalk im fertigen Kompost kann den pH-Wert des Gartenbodens ungünstig anheben, oft sind auch hohe Mengen an Phosphat enthalten, die die Gefahr der Überdüngung bergen.

Wer reinen Kompost oder Substrate mit Kompost kauft, sollte daher auf das RAL-Gütezeichen Kompost achten. Es wird von der Bundesgütegemeinschaft Kompost (BGK) mit Sitz in Köln verliehen. Die Gütegemeinschaft und zugelassene Prüflabore überwachen die Qualität der Produkte. Die Güte- und Prüfbestimmungen sind definiert für Frischkompost, Fertigkompost und Substratkompost (Kompost zur Herstellung von Substraten). Für jede Art Kompost gelten bestimmte Anforderungen an Qualitätseigenschaften und Nährstoffgehalte. Beispielsweise wird kontrolliert: die Freiheit des Kompostes von Salmonellen und anderen Krankheitskeimen, die Pflanzenverträglichkeit, der Gehalt an Schwermetallen, der Rottegrad, die Körnung, der Wassergehalt, der Anteil von Pflanzennährstoffen, der Salzgehalt. Nur Produkte mit dem RAL-Gütezeichen gewährleisten eine von unabhängigen Stellen geprüfte Qualität. So lassen sich schädliche Wirkungen von fertigem Kompost weitestgehend ausschließen. Die Analysedaten von Kompost, der bei örtlichen Grünabfallsammelstellen kostenfrei oder gegen geringe Gebühr an Privatabnehmer abgegeben wird, kann man beim Abfallwirtschaftsbetrieb oder bei den örtlichen Verwaltungseinrichtungen erfragen.

Aufsammeln von Fallobst für die Saftgewinnung. In den Keltereien fallen als Pressrückstände stark verdichtete Pressplatten an. Man kann diese mit einem Häcksler zerkleinern oder man lässt sie den Winter über einfach liegen. Durch den Einfluss der Witterung kann man sie im folgenden Frühjahr mit einer Hacke leicht zerkleinern. Das Material ist bis dahin schon stark angerottet. Unter Zugabe von Gesteinsmehl und Algenkalk (insgesamt 5 kg pro 0,5 m^3) entsteht bis zum Herbst, also innerhalb eines Jahres, ein ausgezeichneter Kompost. Die Rotte verläuft problemlos, ohne dass man den Haufen umsetzen muss. Das hängt vermutlich mit dem hohen Besatz an Kompostwürmern zusammen, der für Tresterkompost charakteristisch ist. Der hohe Zuckergehalt des Ausgangsmaterials lockt die Kompostwürmer an.

Eine Zufuhr von Mist beschleunigt die Rotte zusätzlich. Ein Kompost, der im Frühjahr aus angerottetem Trester und gleichen Teilen Stallmist aufgesetzt wurde, kann im Verlauf des Sommers noch verwendet werden.

Mooskompost

Fallen größere Mengen an Moos an, kann man es getrennt von anderen Materialien kompostieren. Das zähe, trockene, nährstoffarme Moos verrottet schlecht. Daher sollte man ihm feuchtigkeitsspeichernde Materialien wie wassergetränkte Pappe sowie stickstoffreiche organische Substanzen wie Staudenschnitt, trockenen Rasenschnitt oder Stallmist beimischen. Dazu können Zusätze in Form von Erde, Urgesteinsmehl und Kalk kommen.

Kompost aus Rasensoden

Bei der Umgestaltung von Gärten können Rasensoden in größerer Menge anfallen. Zum Kompostieren schichtet man sie mit dem Bewuchs nach unten auf, streut dazwischen Kompost, Kalk und Gesteinsmehl. Strukturstabile Holzteile in den Zwischenlagen stellen die notwendige Belüftung sicher.

Kompost ausbringen

Wann ist Kompost reif?

Früher war es üblich, Kompost zwei oder drei Jahre lang liegen zu lassen, bevor man ihn verwendete. In dieser Zeitspanne wird allerdings bereits ein großer Teil der enthaltenen Nährstoffe ausgewaschen. Heute wissen wir, dass ein sachgerecht aufgesetzter Kompost bereits nach wenigen Monaten gebrauchsfertig sein kann. Auf jeden Fall sollte man Komposterde ein halbes bis spätestens ein Jahr nach dem Aufsetzen des Kompostes verwenden, wenn sie als Nährstofflieferantin dienen soll. Lagert das Material länger, sind die wertvollen Humusstoffe zerfallen. Je nach Zersetzungsgrad unterscheidet man Rohkompost, Reifkompost und vererdeten Kompost.

Rohkompost

Je nach Verrottungsgeschwindigkeit kann man kompostiertes Material bereits nach acht bis zehn Wochen als düngende Mulchschicht auf Baumscheiben oder unter Sträuchern ausbringen und mit Gras, Laub oder Erde abdecken. Kompost in diesem Zustand nennt man Rohkompost oder Frischkompost. Seine Düngewirkung ist höher als diejenige von Reifkompost. Auch nach zwei bis drei Monaten enthält das Material noch viele Organismen, die Strukturen der Pflanzenteile sind noch erkennbar. Rohkompost besteht zum großen Teil aus Nährhumus, der die Tätigkeit der Bodenlebewesen anregt. Man arbeitet ihn nur in die gelockerte, oberste Bodenschicht ein. In tieferen Bodenschichten könnte er Pflanzenschäden hervorrufen. Ist der Kompost so frisch, dass noch Kompostwürmer enthalten sind, darf man ihn zudem nicht mit Jungpflanzen in Berührung bringen, weil er in diesem Zustand noch wachstumshemmende Substanzen enthält. Rohkompost gibt man darüber hinaus nicht an Wurzelgemüse, Zwiebelgewächse und Kohl, da er schädliche Gemüsefliegen anlocken kann.

Eigenschaften von Rohkompost und Reifkompost

Rohkompost (Frischkompost)	Reifkompost
grobe Struktur, viele Ausgangsmaterialien noch erkennbar, frischer Geruch	nahezu vollständig zersetzt, feinkrümelig, sieht aus wie Erde, erdiger Geruch
reich an Nährstoffen	arm an Nährstoffen
führt dem Boden organische Substanz zu	führt dem Boden organische Substanz zu
ideal zum Mulchen	eignet sich als Zuschlagsstoff für Erden
lässt sich in kurzer Zeit herstellen, platzsparend	braucht viel Zeit für die Herstellung und Platz
fördert das Bodenleben	wirkt sich vergleichsweise wenig auf das Bodenleben aus

Die Verwendung von Rohkompost als Mulchmaterial bringt viele Vorteile des Mulchens mit sich: Zum Beispiel schützt Rohkompost den Boden vor Austrocknung und unterdrückt unerwünschte Kräuter. Mulchen mit Rohkompost verbessert außerdem die Struktur von schweren und stark verdichteten Böden. Rohkompost wird allerdings auf gut durchlüfteten Böden besser zersetzt. Bestehen in dieser Hinsicht Bedenken, verwendet man zum Mulch schwerer, verdichteter Böden besser Reifkompost.

Reifkompost

Reifkompost zeigt eine feinkrümelige Struktur und enthält kaum noch größere Organismen. Er besteht aus Dauerhumus, der sich günstig auf die physikalischen Bodeneigenschaften auswirkt. Es entstehen zum Beispiel größere Poren, die den Wasserabfluss verbessern, Luft tritt nach Regenfällen rascher hinzu, Verdichtungen werden abgemildert. Man kann Reifkompost zum Beispiel zum Füllen von Pflanzlöchern, für die Vorbereitung von Saatbeeten oder als Beimischung in Blumentopferde verwenden.

Je länger ein Kompost rottet, desto mehr Nährstoffe gehen verloren, die Düngewirkung lässt nach. Soll Kompost als Nährstofflieferant dienen, sollte er daher nicht länger als ein halbes Jahr (im Sommer) oder ein Jahr (ab Herbst) rotten.

Solange sich im Kompost Asseln und Springschwänze befinden, ist er mit Sicherheit noch nicht reif. Um sicherzugehen, dass keine pflanzenschädlichen Substanzen wie Säureradikale mehr im Material enthalten sind, um es also für die genannten Einsatzmöglichkeiten verwenden zu können, kann man einen Test mit Hilfe von Kressesamen durchführen (siehe nebenstehender Textkasten).

Vererdeter Kompost

Bei vererdetem Kompost handelt es sich um alten Kompost. Er enthält zwar nicht mehr so viele Nährstoffe wie frischer Kompost, doch seine stabilen Humusverbindungen tragen auf alle Fälle zur Bodenverbesserung bei. Man gibt vier Schaufeln voll davon auf einen Quadratmeter Fläche und harkt das Material ein. Mit Sand vermischt, erhält man außerdem eine gute Anzuchterde.

Eine Kürbispflanze, die am Kompost hochrankt und ihn beschattet, wird sich gut entwickeln. Nur muss man sie an den Fuß des Haufens setzen.

Kressetest: Rohkompost oder Reifkompost?

Kresse reagiert ganz besonders empfindlich auf Schadstoffe und schädliche Keime. Wo Kresse wachsen kann, gedeihen auch andere Pflanzen. Daher bietet der Kressetest einen sehr guten Hinweis auf die Qualität von Boden oder eben Kompost.

Für den Test füllt man eine kleine Schale mit ein wenig des zu testenden Kompostes, den man gut anfeuchten muss, bis er durchdringend feucht ist. Aus einer Samentüte streut man Kressesamen auf, die man andrückt, damit sie Kontakt zum feuchten Substrat haben. Um die Feuchtigkeit zu bewahren, wird die Schale mit einer durchsichtigen Folie abgedeckt. Kresse keimt innerhalb von wenigen Tagen. Wenn nach drei bis vier Tagen ein Großteil der Samen gleichmäßig aufgegangen ist und die Keimlinge grüne Blätter haben, hat man die Bestätigung dafür, dass der Kompost ausgereift ist und keine pflanzenschädlichen Substanzen mehr enthält. Auch nach einer Woche sollten die Kresseblätter noch grün und die Wurzeln weiß sein. Keimen die Samen dagegen nur zögerlich und unregelmäßig, so muss der Kompost noch eine Weile ruhen, bis man ihn im Garten einsetzen kann. Auch gelbe oder braune Kresseblätter weisen auf einen frischen Rohkompost hin, der noch Reifezeit benötigt.

Kompostentnahme

Ausbringen sollte man Kompost nur während der Vegetationsperiode, zwischen Frühjahrsbeginn und Sommerende. In dieser Zeit benötigen die Pflanzen hohe Nährstoffmengen und können die Nährstoffe auch aufnehmen. Kompostgaben im Herbst oder Winter sind nicht sinnvoll, da die ruhende Vegetation kaum Nährstoffe aufnimmt. Die Nährstoffe werden in diesen Jahreszeiten im Gegenteil mit Niederschlägen aus dem Material ausgewaschen und sind damit für die Pflanzen verloren.

Je nach Anwendungsziel eignen sich die verschiedenen Kompostqualitäten unterschiedlich gut: Wird generell eine Verbesserung der Bodenstruktur angestrebt, bietet sich ligninreicher Kompost, der aus vorwiegend holzigen Bestandteilen entstanden ist, an. Soll der Kompost dagegen als Nährstofflieferant für Gemüse und Zierpflanzen dienen, gibt man eher ligninarmen Kompost aus überwiegend krautigen Pflanzenabfällen.

Fertiger Kompost ist häufig recht kompakt. Er wird daher für die Ausbringung mit einem Krail gelöst und mit der Hacke gründlich zerkleinert. In der Regel braucht man ihn anschließend nur dann zu sieben, wenn das Material viele grobe Bestandteile wie Holz enthält oder wenn man es für ein Saatbeet oder als Substratgrundlage für Topfpflanzen benötigt. Für Rasenflächen sollten die Teilchen nicht größer als 10 mm sein. Ausgesiebte Grobteile von holzigen Pflanzenteilen gibt man zurück auf den Kompost, versehentlich hineingeratene Steine werden entfernt.

Kompost wird nie tief untergegraben, denn in der unteren Bodenschicht ist er nutzlos, den Mikroorganismen fehlt dort der für ihre Tätigkeit nötige Sauerstoff. Der Kompost wird dünn auf den gelockerten Boden ausgebracht und dann mit einem Sauzahn oder einem Bodenkultivator in die obere Krume eingearbeitet.

Rohkompost oder **Frischkompost** harkt man nur in die oberste, wenige Zentimeter dicke Bodenschicht ein. Die Mikroorganismen im Kompost brauchen Luft und etwas Feuchtigkeit, um aktiv zu bleiben. Die Bodentiere, zum Beispiel Regenwürmer, übernehmen im Anschluss die Aufgabe, den Kompost in den aktiven Teilen des Oberbodens zu verteilen.

Reifkompost kann man zum Beispiel in Saatrillen streuen, um eine rasche Entwicklung der Sämlinge sicherzustellen. Bei Pflanzungen von Stauden hat es sich bewährt, eine Pflanzschaufel Reifkompost in das Pflanzloch mit einzufüllen. Dies ermöglicht den Pflanzen einen guten Start. Bei Neupflanzungen von Obstbäumen und Weinreben gibt man Kompost auf die Pflanzreihe und arbeitet ihn vor der Pflanzung ein oder man füllt die Pflanzgrube mit einer Mischung aus einem Teil Reifkompost und drei Teilen Gartenerde. Der reife Kompost sollte auch in diesen Fällen höchstens 30 cm tief in den Boden gelangen. Durch seine weitere Zersetzung kann er den Pflanzen in den folgenden vier bis fünf Jahren Nährstoffe liefern.

Bestehende Beete erhalten einmal jährlich eine 1 bis 2 cm dicke Kompostauflage, die man leicht in den Boden einarbeitet. Diese Arbeit kann während der gesamten Vegetationsperiode durchgeführt werden, solange es der Zustand des Bodens zulässt.

Möchte man Kompost lagern, sollte man ihn auf jeden Fall unter einer wasserabweisenden Abdeckung aufbewahren, um Auswaschung von Nährstoffen zu vermeiden.

Düngung mit Kompost

Um den konkreten Bedarf des Bodens an Kompost zu bestimmen, sollten die im Boden bereits vorhandenen Mengen an organischer Substanz, an Kalk und Pflanzennährstoffen bekannt sein. Außerdem hängt die Ausbringungsmenge vom Nährstoffbedarf der jeweiligen Pflanzenkultur ab. Errechnen lässt sich die richtige Ausbringungsmenge nur, wenn zudem der Nährstoffgehalt des Kompostes bekannt ist. Wer genaue Daten haben möchte, sollte Kompost und Boden in einem staatlichen oder privaten Bodenlabor untersuchen lassen (siehe auch Seite 134). Bei im Handel gekauftem Kompost sind die Analysewerte angegeben.

Die im Kompost enthaltenen Pflanzennährstoffe sind nur zum Teil sofort für die Pflanzen verfügbar, teilweise sind sie noch in der organischen Substanz eingebaut oder in schwer löslichen anorganischen Verbindungen festgelegt. Freigesetzt werden sie erst allmählich beim weiteren Abbau und Umbau der organischen Substanz im Boden.

Kurzfristig und mittelfristig pflanzenverfügbar sind die im Kompost enthaltenen Nährstoffe Phosphat, Kali, Magnesium und Kalzium. Der im Kompost enthaltene Stickstoff wird nur langsam in pflanzenverfügbare Formen wie Ammonium und Nitrat überführt. Man geht davon aus, dass pro Jahr nur 3 bis 5 Prozent der Gesamtmenge an Stickstoff mineralisiert werden. Eine einmalige Gabe mit Kompost kann daher den Stickstoffbedarf von Pflanzen nicht decken.

Je nach Ausgangsmaterial können sich die Nährstoffgehalte in den unterschiedlichen Komposten stark unterscheiden. Die Anteile von Kalzium und Magnesium hängen zum Beispiel auch von den während der Rotte beigefügten Kalkgaben ab – je höher diese sind, desto mehr Kalzium und Magnesium sind im fertigen Kompost enthalten. Ein

Augenmerk sollte man auch auf den Phosphatgehalt des Kompostes richten. Es gilt ihn bei der Düngung zu berücksichtigen, da unsere Gartenböden ohnehin recht gut damit versorgt sind. Deshalb sollte man es mit den Kompostgaben nicht übertreiben.

Nährstoffgehalte von Komposten

Nährstoff	Anteil an der Trockenmasse des Kompostes	durchschnittlicher Nährstoffeintrag pro Liter Kompost
Gesamt-Stickstoff (N)	0,4 – 2,9 %	4,1 g
Phosphat (P_2O_5)	0,1 – 1,7 %	2,7 g
Kali (K_2O)	0,5 – 3 %	3,6 g
Magnesium (MgO)	1 – 5,4 %	4,6 g
Kalzium (CaO)	2,4 – 19 %	28,4* g
organische Substanz	19 – 32 %	108 g

*entsprechend 63 g / m^2 für $CaCO_3$
(nach Fischer 1999 und Kompostforum Schweiz)

Zufuhr an Gesamtnährstoffen* mit Gartenkomposten

(Ausbringmenge: 3 l Gartenkompost pro m^2)

Gesamtnährstoff	Masse des Nährstoffs pro m^2
Stickstoff	6 – 45 g
Phosphor	2 – 26 g
Magnesium	2 – 36 g
Kalium	3 – 39 g
Kalzium	8 – 406 g

*»Gesamtnährstoffe« ist ein definierter Begriff aus der Pflanzenernährung, der sich von der Verfügbarkeit der Nährstoffe absetzt, die physiologisch beeinflusst und schwer in Zahlen zu fassen ist. Nährstoffzufuhr und Zufuhr von Gesamtnährstoffen unterscheiden sich deutlich. (nach Fischer 1999)

Möglicherweise stellt sich neben der Frage nach dem Nährstoffgehalt auch die Frage nach dem Gehalt an schädlichen Stoffen im Kompost. Laut Untersuchungen an der Staatlichen Forschungsanstalt für Gartenbau Weihenstephan sind Gartenkomposte üblicherweise nicht mit Schwermetallen belastet. Organische Schadstoffe können zum Beispiel mit synthetischen Pflanzenschutzmitteln in den Garten und in den Kompost eingetragen werden. Auf solche Pestizide sollte man im Garten verzichten.

Welche Mengen werden benötigt?

Kompostmengen abschätzen

Um eine benötigte Kompostmenge abzuschätzen, können folgende Werte helfen:

- 1 l Kompost wiegt rund 0,65 kg, 1 kg Kompost füllt ein Volumen von 1,5 l.
- 1 Eimer fasst 8 bis 10 l.
- 10 l Kompost pro m^2 entspricht 1 cm Auflagenhöhe.

Kompostmengen für die Neuanlage eines Gartens

Soll ein Garten neu angelegt werden, steht man häufig einem humusarmen und nährstoffarmen Boden gegenüber. Baumaßnahmen hinterlassen oft zerstörte Bodenstrukturen. Der Boden muss also von Grund auf regeneriert und mit Nährstoffen versorgt werden.

Zugekaufter Kompost verbessert den Boden in solchen Fällen nachhaltig. Das Produkt sollte unbedingt ein Gütesiegel wie das RAL-Gütezeichen Kompost tragen (siehe auch Seite 118). Der Kompost wird in einer einmaligen Gabe in die oberste, 10 cm dicke Bodenschicht eingearbeitet. Sofern schonend gearbeitet wird, kann diese Arbeit das ganze Jahr über erfolgen. Zusätzlich sollte man Gründüngungspflanzen einsäen (siehe auch ab Seite 143).

Auf neu angelegten Beetflächen arbeitet man die in der Tabelle auf Seite 128 angegebene Menge etwa 10 cm tief ein. In den Folgejahren ist eine weitere Kompostgabe meist nicht erforderlich. Die Bevorratung

Kompostgaben für die Neuanlage von Gärten

Bodentyp	Kompostmenge (einmalig)
sandiger Boden	bis 25 l / m^2
schluffiger, lehmiger Boden	bis 35 l / m^2
toniger Boden	bis 45 l / m^2

(nach Bundesgütegemeinschaft Kompost e. V., BGK)

mit Stickstoff reicht nach dieser Maßnahme durchschnittlich drei Jahre, diejenige mit Phosphat, Kalium, Magnesium und Kalk mindestens fünf Jahre, abhängig unter anderem vom Nährstoffgehalt des Kompostes.

Jährliche Kompostmengen für Zierpflanzen

Um Stauden, Gehölze und Rasen regelmäßig mit Nährstoffen und organischer Substanz zu versorgen, wird die benötigte Kompostmenge auf der Fläche verteilt und höchstens oberflächlich eingearbeitet. Zusätzliche Stickstoffgaben richten sich nach dem individuellen Bedarf der Kulturpflanzen, eine zusätzliche Kalizufuhr hängt vom Kaligehalt des Bodens ab. Im Biogarten kommen keine synthetischen Düngemittel zum Einsatz. Zusätzliche Mengen an Stickstoff und Kali erhalten die Pflanzen dort zum Beispiel durch Brennnesseljauche oder Beinwelljauche. Die Nährstoffgehalte des Bodens können über eine Bodenuntersuchung ermittelt werden (siehe Seite 134).

Die Tabelle gibt sinnvolle Kompostgaben für die jeweilige Pflanzengruppe an. Eine ergänzende Düngung mit Stickstoff und zum Teil mit Kali wird empfohlen. Allgemein erhalten die Pflanzungen – bis auf spezielle Ausnahmen – ihre individuell angemessene Menge Kompost pro Jahr in einer einmaligen Gabe.

- Gehölze kommen ohne zusätzliche Kali-Düngung aus.
- Rosen erhalten bei der Pflanzung vier bis fünf Schaufeln Reifkompost pro Quadratmeter, die man gut und nicht nur oberflächlich einarbeitet. Später bedeckt man den Boden rund um die Rosengehölze das ganze Jahr über mit einer 1 bis 2 cm dicken Schicht Mulchkompost.

Jährliche Versorgung von Zierpflanzen mit Kompost zur Düngung und Bodenverbesserung

Kulturen	jährliche Kompostmenge	zusätzlicher Nährstoffbedarf	
		Stickstoff (N)	Kali (K_2O)
Gehölze	etwa 1 l / m²	4 – 7 g / m²	kein Bedarf
schwachwüchsige Stauden (zum Beispiel Storchschnabel, Elfenblume, Waldsteinie)	etwa 1 l / m²	2 – 5 g / m²	5 – 10 g / m²
starkwüchsige Stauden (zum Beispiel Rittersporn, Astern, Pfingstrosen, Taglilien)	etwa 2 l / m²	5 – 15 g / m²	10 – 15 g / m²
Zwiebelpflanzen und Knollengewächse	etwa 1 l / m²	kein Bedarf	kein Bedarf
Rasen	etwa 2 l / m²	15 – 20 g / m²	15 – 20 g / m²

(nach Fischer 1999)

- ▹ Bei Stauden, die zweimal im Jahr blühen, wie Rittersporn wird die Kompostgabe aufgeteilt: Die eine Hälfte wird im Frühjahr, die andere nach dem Schnitt gegeben. Nässeempfindliche und kalkempfindliche Stauden erhalten keine Kompostgaben. Zu den Kalkfliehern gehören beispielsweise Scheinmohn *(Meconopsis)*, manche Enzian-Arten *(Gentiana)*, Steinquendel *(Calamintha)* und Steinsame *(Lithodora)*. Alpine Rosettenpflanzen faulen leicht bei Nässe, ihnen bekommt von Haus aus ein mineralisches, humusarmes Substrat besser. Das Gleiche gilt für Lilien und Tulpen.
- ▹ Rasen erhält nach dem ersten Schnitt im April fein gesiebten Reifkompost, den man gleichmäßig verteilt und oberflächlich einarbeitet. Damit er nicht klumpt, kann man Sand untermischen.
- ▹ Blumenwiesen können 1 l Kompost pro m² erhalten, eine zusätzliche Düngung unterbleibt.
- ▹ Für offene Baumscheiben empfiehlt sich jährlich eine 1 cm hohe Abdeckung der Baumscheiben mit Kompost.

Die Bundesgütegemeinschaft Kompost e. V. empfiehlt für Gehölze, Sträucher und Stauden alle drei Jahre eine Kompostgabe von 3 bis 5 l / m^2, für Blumenrabatten werden 8 bis 15 l / m^2 angegeben, die man alle fünf Jahre ausbringt. Da im Hausgarten jährlich Kompost anfällt, erscheinen diese weiten Intervalle wenig praktikabel. Auch wenn man die Gefahr von Nährstoffauswaschung bedenkt, empfehlen sich eher kleinere, dafür häufigere Kompostgaben, einmal (oder zweimal) pro Jahr.

Jährliche Kompostmengen für Nutzpflanzen

Die verschiedenen **Gemüsearten** im Nutzgarten haben unterschiedliche Nährstoffbedarfe. Diese Tatsache wird sowohl beim Fruchtwechsel als auch bei der Düngung mit Kompost berücksichtigt. Kompostgaben können bei Gemüse durch zusätzliche Gaben von Stickstoff und Kali ergänzt werden (siehe auch Tabelle rechts). Bei einer Ausbringungsmenge von ausschließlich Kompost in Höhe von 5 l (gut 3 kg) pro Quadratmeter werden in der Regel genügend Nährstoffe zugeführt, um zum Beispiel Kohlrabi und Gurken ausreichend zu versorgen. Diese Menge entspricht einer Schichtdicke von einem halben Zentimeter. Eine zusätzliche Düngung ist dann nicht mehr notwendig. Fünf Liter Kompost enthalten durchschnittlich 5 bis 10 g Stickstoff, etwa 5 g Phosphat (Bezugswert P_2O_5), rund 15 g Kali (Bezugswert K_2O) und viele Spurenelemente, was etwa 30 g mineralischem Volldünger pro Quadratmeter entspricht.

Die jährliche Aufwandsmenge an Kompost richtet sich nach dem Nährstoffbedarf der Kulturen und den im Boden bereits vorhandenen Mengen an organischer Substanz, Kalk und Nährstoffen. Bei einer Düngung nur mit Kompost sollte man den hohen Phosphatgehalt in Gartenböden und im Kompost im Auge behalten. Der Gehalt an Phosphat stellt einen begrenzenden Faktor für die Ausbringung von Kompost dar. Schließlich sind viele Gartenböden mit Phosphat überversorgt. Unsere Gärten tendieren ohnehin zur Überdüngung. Dies führt jedoch zur Auswaschung der überschüssigen Nährstoffe, Grundwasser und Trinkwasser können belastet werden. Außerdem beeinträchtigt ein gestörtes Nährstoffverhältnis im Boden die Aufnahme bestimmter Ionen durch die Pflanzenwurzeln. Eine regelmäßige Bodenuntersuchung als Grundlage für eine ausgewogene Pflanzenernährung ist deshalb sehr empfehlenswert (siehe Seite 134).

Mit Kompost gut versorgter Gartenboden ernährt eine breite Palette an Gemüse, das wiederum die Küche bereichert.

Jährliche Versorgung von Gemüsekulturen mit Kompost zur Düngung, Bodenverbesserung und Humusversorgung

Kulturen	jährliche Kompostmenge	zusätzlicher Nährstoffbedarf	
		Stickstoff (N)	Kali (K_2O)
Starkzehrer: Brokkoli, Kohl, Kürbis, Mais, Porree, Sellerie, Tomaten, Wirsing u. a.	etwa 3 l / m²	15 – 30 g / m²	15 – 30 g / m²
Mittelstarkzehrer: Gurken, Kartoffeln, Kohlrabi, Möhren, Rettich, Rhabarber, Schwarzwurzeln, Zwiebeln, Zucchini u. a.	etwa 2 l / m²	10 – 20 g / m²	10 – 15 g / m²
Schwachzehrer: Bohnen, Erbsen, Mangold, Paprika, Radieschen, Rote Bete, Salate, Spinat u. a.	etwa 1 l / m²	5 – 15 g / m²	5 – 10 g / m²
Schwachzehrer: Feldsalat	etwa 1 l / m²	5 – 15 g / m²	3 g / m²

(nach Fischer 1999)

Obstbäume und **Beerensträucher** erhalten jährlich 4,5 bis 7,5 l (3 bis 5 kg) Kompost pro Quadratmeter. Bei **Erdbeeren** mischt man bei der Pflanzung ein Drittel Reifkompost unter die Erde. Im April oder nach der Ernte streut man 1 bis 2 cm hoch Kompost zwischen die Erdbeerreihen. Zuchtpilze für die Küche lassen sich auf Kompost nicht ziehen. Sie wachsen auf Totholz, Holzsubstraten oder Strohballen.

Pflanzenstärkung mit Kompost

Die Zufuhr von Kompost fördert auch die Widerstandsfähigkeit von Pflanzen gegenüber Pflanzenkrankheiten. Etliche wissenschaftliche Untersuchungen, zum Beispiel von Dr. Jacques G. Fuchs vom Schweizer Forschungsinstitut für biologischen Anbau in Frick, weisen nach, dass durch Kompostgaben Krankheitskeime zurückgedrängt werden können.

Die Wirkung beruht zum Teil darauf, dass die im Kompost enthaltenen Mikroorganismen als Gegenspieler (Antagonisten) der Krankheitserreger auftreten. Zusätzlich regt Kompost die biologische Aktivität im Boden an, die pflanzeneigenen Abwehrkräfte werden stimuliert. Es entwickeln sich widerstandsfähigere, gesündere Pflanzen. Die Krankheitskeime werden nicht gänzlich unterdrückt, doch der Befallsdruck verringert sich und die Krankheit fällt weniger dramatisch aus.

Krankheiten, die durch Kompostgaben zurückgedrängt werden können

Pflanzen	Krankheiten	Krankheitserreger
Bohnen	Wurzelfäule	*Thielaviopsis basicola*
Erbsen	Wurzelfäule	*Aphanomyces euteiches*
	Brennfleckenkrankheit	*Phoma medicaginis*
	Keimlingssterben	*Pythium ultimum*
Fleißige Lieschen	Stängelgrundfäule	*Rhizoctonia solani*
Gurken	Welkekrankheit	*Fusarium oxysporum* fo. sp. *melonis*
	Keimlingskrankheit	*Pythium* spp.

Pflanzen	Krankheiten	Krankheitserreger
Gurken	Rübenfäule	*Rhizoctonia solani*
	Wurzelbrand	*Pythium aphanidermatum*
Himbeeren	Rote Wurzelfäule	*Phytophthora fragariae* fo. sp. *rubi*
Kartoffeln	Braunfäule	*Phytophthora infestans*
	Vertizilliumwelke	*Verticillium dahliae*
Kohlpflanzen	Kohlhernie	*Plasmodiophora brassicae*
Kresse	Keimlingssterben	*Pythium ultimum*
Lein	Welkekrankheit	*Fusarium oxysporum* fo. sp. *lini*
Lupinen	Wurzelfäule	*Phytophthora cinnanomi*
Nelken	Fusariumwelke	*Fusarium oxysporum* fo. sp. *dianthi*
Paprika	Wurzel- und Stängelgrundfäule	*Phytophthora capsici*
Radieschen	Keimlingssterben	*Pythium ultimum*
	Rübenfäule	*Rhizoctonia solani*
Rasen		
Straußgras (*Agrostis*-Arten)	Dollarfleckenkrankheit	*Sclerotinia homeocarpa*
	Keimlingskrankheit, Wurzelfäule	*Pythium* spec., *Pythium graminicola*
Salate	Rübenfäule	*Rhizoctonia solani*
	Sklerotiniafäule	*Sclerotinia minor*
Tomaten	Welkekrankheit	*Fusarium oxysporum* fo. sp. *lycopersici*
	Wurzel- und Stängelbasisfäule	*Phytophthora parasitica*
	Korkwurzelkrankheit	*Pyrenochaeta lycopersici*
Zitruspflanzen	Wurzel- und Stängelbasisfäule	*Phytophthora nicotania*
Zwiebeln	Weißfäule	*Sclerotium cepivorum*

(nach H & K aktuell 10, 2009, ergänzt)

Bodenuntersuchung

Etwa alle drei (bis fünf) Jahre sollte ein Hobbygärtner seinen Boden von einem privaten oder staatlichen Bodenprüflabor analysieren lassen. Dazu entnimmt man an mehreren Stellen des zu prüfenden Gartenbereiches (zum Beispiel des Nutzgartens) Erde in der Tiefe eines Spatenstichs, mischt die entnommenen Proben in einem Eimer und verpackt von dieser Mischung eine Menge von etwa 500 g. Diese Probe schickt man an das Prüflabor. Gibt man die geplante oder aktuelle Nutzungsart an, erhält man zuverlässige Düngeempfehlungen.

Will man den Nährstoffgehalt von Kompost testen lassen, sollte man an fünf Stellen Proben entnehmen und diese miteinander mischen.

Damit ein Bodenprüflabor aussagekräftige Ergebnisse liefern kann, muss die Bodenprobe sorgfältig gezogen und gemischt werden.

Sonderfall Moorbeetpflanzen

Durchschnittlicher Kompost weist einen neutralen pH-Wert auf. Weil er deshalb puffernd gegenüber Säuren wirkt, eignet er sich grundsätzlich nicht für Moorbeetpflanzen, die einen niedrigen pH-Wert für gutes Gedeihen benötigen. Eine Alternative stellt Nadelkompost dar, der einen niedrigen pH-Wert aufweist.

Keimfreier Kompost

Krümeliger, reifer Kompost eignet sich hervorragend für die Anzucht von Pflanzen. Man kann darauf aussäen oder Stecklinge in einer Mischung aus reifem Kompost und Sand wurzeln lassen. Für diesen Einsatz sollte die Komposterde allerdings weitgehend keimfrei sein, um die Gefahr von Umfallkrankheiten zu begrenzen, was im hauseigenen Kompost kaum zu erreichen ist. Im Erwerbsgartenbau stehen zur Desinfektion von Erden Dämpfer mit Heißluft zur Verfügung, der Hobbygärtner, der nur geringe Mengen benötigt, muss sich anders behelfen.

Bei Bedarf bekommt man Erde im Backofen keimfrei: Man füllt die Komposterde dafür in ein hitzebeständiges Gefäß. Nach 10 Minuten in der auf 200 Grad vorgeheizten Backröhre erhält man keimfreies Substrat, in dem sich empfindliche Pflänzchen entwickeln können.

Kultursubstrat aus Kompost

Ein Gärtner sollte auf den Einsatz von Torf verzichten, um die verbliebenen Torflagerstätten zu schonen. Mit Kompost lassen sich gute Kultursubstrate herstellen. Kompost allein genügt jedoch nicht als Substrat, weder für die Vermehrung von Pflanzen noch für die weitere Kultur. Es sind immer einige Zuschlagsstoffe zum Kompost erforderlich, will man damit Erde herstellen. Eine aus Kompost selbst bereitete Erde ist wesentlich gehaltvoller als mineralisch aufgedüngte Substrate aus dem Handel.

Auf alle Fälle muss Kompost für die Substratherstellung gut abgelagert sein, man kann von mindestens zwei Jahren ausgehen. Falls man also Kultursubstrat aus Kompost herstellen möchte, sollte man daran denken, bei Entnahmen aus dem Komposthaufen im Rahmen der Kompostversorgung des Gartens jeweils ein gewisses Quantum für die Substratherstellung beiseite zu legen, das dann nochmals einmal pro Jahr umgesetzt wird.

Um eigene Erde herzustellen, wird der abgelagerte Kompost zunächst gesiebt. Für Blumentopferde genügt ein normales Gartensieb. Will man Erde für zierliche Zimmerpflanzen, für die vegetative Vermehrung oder die Aussaat gewinnen, benötigt man ein etwas feineres

Sieb. Würde man puren Kompost als Substrat verwenden, würde er im Gefäß verschlämmen und zusammensacken – und wenn er noch so gut abgelagert ist. Der gesiebte Kompost muss also mit anderen Substanzen gemischt werden. Eine Mischung aus gleichen Teilen Sand, Kompost und Gartenerde ergibt bereits ein recht brauchbares Grundsubstrat. Eine zusätzliche kleine Gabe Bentonit verbessert die Wasserhaltefähigkeit, eine lockere Struktur fördern Torfersatzstoffe wie Kokosfaser oder Holzfaser. Zusätzlichen Dünger benötigen nur stark wachsende Pflanzen. Dafür kann man Hornmehl untermischen, das schnell wirkt, sowie Hornspäne, die als Nährstoffvorrat für einen längeren Zeitraum dienen. Alle Zutaten werden auf einer glatten Arbeitsfläche miteinander vermischt. Dafür wirft man sie mit einer Kelle oder Schaufel mehrmals hin und her und durcheinander.

Diese Basismischung lässt sich nach Bedarf variieren:

- ▷ Kakteenerde braucht einen höheren Sandanteil, oder man mischt Splitt beziehungsweise Ziegelgrus unter. Auch für alpine Pflanzen benötigt man ein durchlässiges Substrat mit einem höheren Sandanteil.
- ▷ Aussaaten erfordern ein möglichst mageres Substrat. Dafür kann man Komposterde zu gleichen Teilen mit Sand mischen und verzichtet auf Gartenerde. Torfersatzstoffe und Bentonit ergänzen die selbst bereitete Anzuchterde.
- ▷ Zum Pikieren eignet sich eine ähnliche Mischung wie für Aussaaten, die dann etwas nährstoffreicher sein darf.
- ▷ Pflanzen aus der Laubstreu des Waldes, wie etwa Alpenveilchen, entwickeln sich gut in einer Erde mit einem gewissen Anteil an Laubkompost.
- ▷ Moorbeetpflanzen wie alle Rhododendren, einschließlich der Japanischen Azaleen, brauchen niedrige pH-Werte. Das gewünschte saure Substrat lässt sich aus Nadelkompost bereiten. Auch Kamelien, Kultur-Heidelbeeren und viele immergrüne Sträucher wie Lorbeerrose *(Kalmia)* und Lavendelheide *(Pieris)* sind Moorbeetpflanzen und gedeihen nur bei niedrigen pH-Werten.

Sonderformen der Kompostierung

Hügelbeet und Hochbeet

Die gleichen Abbauvorgänge wie im Kompost macht man sich beim Hügelbeet und Hochbeet zunutze. Beide Beetformen nehmen große Mengen von Pflanzenteilen auf, die im Garten im Verlauf einer Wachstumsperiode anfallen. Daher eignen sie sich vor allem für gewachsene Gärten, weil in jüngeren Anpflanzungen in der Regel weniger Schnittmaterial zusammenkommt.

Das Hügelbeet stellt eine gute Lösung für kleine Gärten dar, weil seine hochgewölbte Form die bepflanzbare Oberfläche im Vergleich zum ebenen Boden vergrößert. Beim fest gebauten Hochbeet ist die Beetfläche dagegen erhöht. Man erspart sich dadurch mitunter mühevolles Bücken.

Da die Verrottung der aufgeschichteten Materialien sowohl im Hügelbeet als auch im Hochbeet Wärme erzeugt, verlängert sich die Vegetationszeit gegenüber einer Kultur im üblichen Beet. Die Beete erwärmen sich im Frühjahr schneller, man kann früher mit dem Anbau beginnen. Im Herbst verlängert sich die Kulturzeit. Sowohl im Hügelbeet als auch im Hochbeet kann die Bodentemperatur um 5 bis 8 Grad gegenüber einem Grundbeet erhöht sein. Daher eignen sich diese Anbauformen recht gut für raues Klima. Allerdings gestaltet sich die Anlage relativ aufwendig. Für eine gleichmäßige Besonnung von Hügelbeet und Hochbeet erweist sich eine Ausrichtung in Nord-Süd-Richtung als ideal.

Sowohl Hügelbeet als auch die Füllung des Hochbeetes sacken im Laufe der Jahre mehr oder weniger schnell zusammen, weil das aufgeschichtete Material verrottet. Die eingefüllten organischen Materialien werden im Hochbeet zwar etwas langsamer abgebaut als im Hügelbeet. Dennoch sackt auch das Hochbeet jährlich ein Stück zusammen, nach sieben bis acht Jahren ist die Packung verbraucht. Man räumt das Hochbeet aus und befüllt es neu.

Die erhöhten Beete lassen sich wie übliche Grundbeete vielfältig mit Nutzpflanzen, Kräutern und Blumen bepflanzen. Beide Beetformen setzen nicht nur Wärme, sondern auch hohe Mengen an Nährstoffen frei. Man kann sie daher sehr dicht bepflanzen und es lassen sich hohe Erträge erzielen. Unbedingt sollte man eine gewisse Fruchtfolge einhalten, die an die Verrottung und damit Nährstofffreisetzung des aufgeschichteten Materials angepasst ist. In den ersten beiden Jahren sollte man das Beet zum Beispiel gezielt mit Starkzehrern wie Tomaten, Paprika und Kohl bepflanzen, während Doldenblütlern wie Möhren oder Petersilie das in diesen Jahren hohe Nährstoffangebot nicht bekommt. Auf die Starkzehrer folgen Mittelstarkzehrer und in den letzten Jahren des Beetes, wenn es bereits zusammengesackt ist und kaum noch zusätzliche Nährstoffe liefert, Schwachzehrer.

Anlage eines Hügelbeetes

Am besten legt man ein Hügelbeet im Herbst an, damit es sich den Winter über setzen kann. Die Grundfläche muss breiter sein als bei einem gewöhnlichen Gemüsebeet. Eine Breite von 140 bis 160 cm erweist sich als günstig, bei Abmessungen von mehr als 180 cm Breite fällt das Arbeiten in der Mitte schwer. Die Länge hängt vom verfügbaren Platz ab. Eine Höhe von mehr als 120 cm lässt sich nicht mehr gut handhaben. Auf der vorgesehenen Grundfläche wird die vorhandene Grasnarbe entfernt, danach hebt man eine Vertiefung von rund 25 cm aus. Die ausgehobene Erde wird zunächst am Rand gelagert. Auf dem Grund des Beetes breitet man ein rostfreies, verzinktes oder kunststoffummanteltes Drahtnetz mit einer Maschenweite von 1,5 × 1,5 cm aus. Es hält Wühlmäuse und Maulwürfe fern. Zur Sicherheit kleidet es auch die Seitenwände der Grube aus. Eine Auskleidung mit Jutenetz eignet sich nicht für diesen Zweck.

In die Mitte des Beetes legt man zerkleinertes Astwerk von Gehölzen. Gut eignen sich Stücke von 20 bis 30 cm Länge. Rundherum sollte ein 30 cm breiter Bereich der Grundfläche frei bleiben. Auch Stängel von großen Stauden eignen sich für den Kern, doch hält dann die Wärmeentwicklung nicht so lange an, während holziges Material drei Jahre

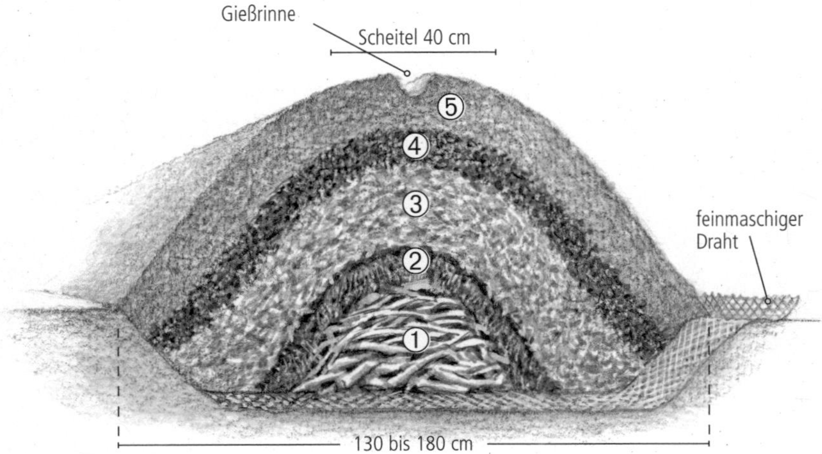

Die Fläche für ein Hügelbeet wir spatentief ausgehoben. Der Grund wird mit feinmaschigem Draht ausgelegt. Nacheinander werden folgende Materialien aufgeschichtet: grob gehäckselter Gehölzschnitt (etwa 40 cm hoch) (1); Erde mit Laub oder umgedrehte Rasensoden (etwa 10 cm hoch) (2); angefeuchtetes Laub, Gartenabfälle (etwa 30 cm hoch) (3); halbverrotteter Grobkompost (etwa 15 cm hoch) (4); reifer Kompost mit Gartenerde (15 cm hoch) (5). Eine Gießrinne auf dem Scheitel verhindert das Abspülen von Erde.

lang Wärme abgibt. Auf diesen inneren Kern legt man Grassoden, die man zuvor von der Fläche ausgestochen hat oder die man von anderen Stellen herbeischafft. Sie werden mit dem Bewuchs nach unten dicht an dicht aufgelegt. Anstelle von Grassoden kann man auch eine 5 cm dicke Schicht aus Laub, Stroh oder grünen Pflanzenteilen auftragen, auf die man dann 10 cm hoch Erde aufbringt.

Als Nächstes folgt eine 20 bis 25 cm hohe Lage aus feuchtem, leicht verrottbarem Laub (siehe Seite 114), das möglichst nicht von Straßenbäumen stammt. Mit etwas übergeworfener Erde wird das Laub stabilisiert. Als nächste Schicht bringt man 15 cm hoch Rohkompost auf, der erst teilweise verrottet ist. Dieser Schicht kann man verrotteten Stallmist zufügen, falls man eine Quelle dafür hat. Als Abdeckung folgt eine 15 cm hohe Lage aus einer Mischung von feinem Reifkompost und der anfangs ausgehobenen Erde.

Ein Hügelbeet schluckt folglich einiges an Material. Man sollte sich hüten, es zu hoch aufzubauen: Bei einer Beetbreite von 1,8 m sollte es nicht höher als 1 m gebaut sein. Ein etwa 40 cm breiter Scheitel ermöglicht es, eine Gießrinne anzulegen. Alle Schichten sollten gut zusammengedrückt werden, sonst sackt das Hügelbeet zu schnell zusammen. Auch muss man das gesamte Material gut befeuchten.

Überhaupt hat ein Hügelbeet einen hohen Feuchtigkeitsbedarf. Der Holzkern in der Mitte ist zwar wichtig für die Belüftung, allerdings rinnen dadurch Niederschlagswasser und Gießwasser schnell ab. Ein Hügelbeet braucht im Vergleich zum normalen Grundbeet mehr Wasser. Eine Mulchabdeckung, etwa aus Stroh, verringert die Verdunstung.

Anlage eines Hochbeetes

Ein Hochbeet ermöglicht Gärtnern auf Tischhöhe. Von Rückenschmerzen Geplagte und ältere Menschen wissen dies zu schätzen. Seine Breite orientiert sich daran, wie weit man mit dem Arm bequem in seine Mitte reichen kann. Hat man rundherum Zugang, kommt eine Breite von 1,2 bis 1,5 m in Frage. Die Länge ist variabel.

Das Hochbeet hat im Gegensatz zum Hügelbeet einen festen Außenbau. Man kann diesen in Blockbauweise aus Rundholz errichten, Bretter übereinanderschichten oder eine Mauer errichten. Wichtig sind immer stabile Eckausführungen, etwa fest in den Boden gerammte Pflöcke für Rundhölzer, damit das Füllmaterial den Bau nicht auseinanderdrückt.

Für das Beet wird zunächst vorhandener Bewuchs abgestochen. Der Boden darunter wird mit einer Grabegabel gelockert. Ähnlich wie beim Hügelbeet breitet man zum Schutz vor Wühlmäusen und Maulwürfen am Boden ein Drahtnetz aus, das auch die Seitenwände der Grube auskleidet. Teichfolie an den Innenseiten des festen Außenbaus schützt diese vor übermäßiger Nässe und bewahrt das Beet vor zu rascher Austrocknung. Wände aus Holz kann man dadurch vor Fäulnis schützen.

Es gibt unterschiedliche Arten, ein Hochbeet zu füllen. Eine Möglichkeit ist die folgende: Als unterste Schicht bringt man zur guten Belüftung Äste mit 5 bis 7 cm Durchmesser oder auch alte unbehandelte Holzbretter ein. Zwischen diese 40 cm hoch aufgeschichteten Holzteile streut man Mutterboden, den man mit einem kräftigen Wasserstrahl einschwemmt. Diese Schicht muss gut festgetreten werden, damit sie sich später nicht zu stark setzt.

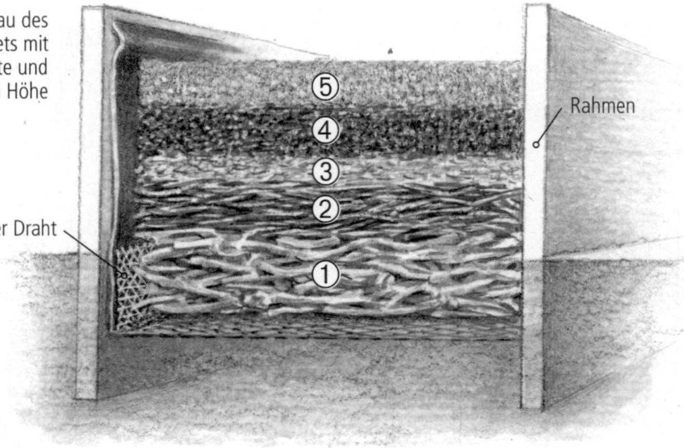

Der Boden unter dem Hochbeet wird 20 cm tief gelockert. Feinmaschiger Draht kleidet die Grube aus. Teichfolie bedeckt den Rahmen von innen. Eingeschichtet werden von unten nach oben: dickere Äste, darüber dünnere Äste (1); Rasensoden, Laub, Stroh, gemischt (2); krautige Gartenabfälle, Küchenabfälle (3); halbverrotteter Grobkompost (4); reifer Kompost, gemischt mit Gartenerde (5).

Über der Holzschicht aus groben Teilen folgt eine 20 cm hohe Lage aus dünneren, etwa 30 cm langen Zweigen. Dazwischen wird Mutterboden eingestreut. Darauf breitet man eine 10 cm dicke Schicht aus verrottetem Stallmist oder angerottetem Laub. Als Nächstes folgt eine 20 cm dicke Schicht aus Rohkompost, auf die 15 cm hoch Muttererde aufgebracht wird, die man zu einem Drittel bis zur Hälfte mit Reifkompost vermischt hat.

Ein Hochbeet trocknet nicht ganz so schnell aus wie ein Hügelbeet, doch leistet eine Tröpfchenbewässerung oder ein Schwitzschlauch gute Dienste.

Flächenkompostierung

Die Flächenkompostierung ähnelt den Vorgängen im Laubwald, wenn Falllaub eine Streuschicht bildet, die zu Humus umgewandelt wird. Das Material liegt nur in geringer Schichtstärke auf. Dadurch wird es gut mit Sauerstoff versorgt und fault nicht. Nährstoffe werden ständig in geringer Konzentration freigesetzt, es besteht daher kaum die Gefahr von Auswaschung. Die Freisetzung der Nährstoffe hängt von der Temperatur ab, sie stehen dann zur Verfügung, wenn die wachsenden Pflanzen sie benötigen.

Für die Flächenkompostierung im Garten bietet sich alles Pflanzenmaterial an, das in großer Menge anfällt, zum Beispiel Falllaub im Herbst, große Mengen an Heckenschnitt oder Stängel krautiger Pflanzen. Die Pflanzenmasse muss in jedem Fall klein geschnipselt werden.

Flächenkompostierung ist eine sinnvolle Möglichkeit, Falllaub im Herbst zu verwerten. Dafür recht man das Laub auf und breitet es auf Gemüsebeeten oder Blumenbeeten und unter Baumscheiben in einer 10 bis 15 cm dicken Schicht aus. Es wird mit dem Sauzahn oder dem Krail nur flach mit der obersten Bodenkrume vermischt. Darauf streut man ein wenig fertigen Kompost oder Erde, damit das leichte, trockene Laub nicht fortgeweht wird. Das Laub verrottet während der folgenden Monate. Vor einer Aussaat oder Neupflanzung im folgenden Jahr sollte man den Boden noch einmal durcharbeiten. Umgraben empfiehlt sich nicht, weil die verrottende organische Substanz an der Oberfläche blei-

Eine Mulchauflage unter den Kronen von Obstbäumen hält Feuchtigkeit im Boden, unterdrückt Unkraut und setzt allmählich Nährstoffe frei.

ben muss. Pflanzenwurzeln sollen keinen Kontakt mit dem Material haben. Für das Säen werden Rillen gezogen, sodass das Saatgut nicht mit dem Material auf der Oberfläche in Berührung kommt.

Ebenso kann man empfindliche Stauden und Sträucher oder Halbsträucher im Herbst mit einer Laubschüttung versehen. Ein Laubhaufen schützt zum Beispiel Pfingstrosen vor einem Übermaß an Winternässe, bewahrt sie durch die Abschottung von Licht vor zu frühem Austrieb und versorgt die langlebigen Pflanzen mit den benötigten Nährstoffen. Eine Laubschüttung stabilisiert man mit Hilfe von Nadelbaumzweigen, damit das Laub nicht verweht wird. Die Zweige kann man ab Februar entfernen, weil dann die Blätter so zusammengefallen, verklebt und schwer sind, dass der Wind sie nicht mehr wegtragen kann.

Gründüngung

Eine zusätzliche Möglichkeit, dem Boden organische Substanz zuzuführen, ist neben der Zugabe von Kompost die Gründüngung. Darunter versteht man die kurzzeitige oder auch längere Bodenbegrünung mit bestimmten Pflanzenarten. Auf nicht genutzten Flächen werden geeignete Pflanzenarten gesät. Pflanzen, die rasch viel Grünmasse bilden, verhindern durch ihr Wachstum, dass Nährstoffe ungenutzt ins Grundwasser ausgewaschen werden. Gründüngung, die den Winter über das Beet bedeckt, verhindert die Auswaschung von Stickstoff. Bestimmte Arten von Gründüngungspflanzen führen dem Boden darüber hinaus zusätzliche Nährstoffe zu: So leben an den Wurzeln der Schmetterlingsblütler, der Leguminosen, Knöllchenbakterien, die Luftstickstoff binden und dadurch den Boden mit Stickstoff anreichern.

Eine Einsaat mit Gründüngung hält die Fläche außerdem besetzt. Sie unterbindet dadurch das Aufwachsen von Unkraut und verhindert Erosion. Überdies lockert Gründüngung den Boden, weil die Pflanzen ihn intensiv durchwurzeln. Tiefwurzler unter den Gründüngungspflanzen schließen Nährstoffe aus dem Unterboden auf. Sie erweitern auch den Wurzelraum in tieferen Bodenschichten.

Daneben bietet Gründüngung die Möglichkeit, die Fruchtfolge im Beet zu durchbrechen. Werden zum Beispiel auf ein und demselben

Beet Jahr für Jahr Kohlpflanzen angebaut, ist die Gefahr groß, dass sich spezifische Schaderreger anreichern. Durch eine Unterbrechung des Kohlanbaus durch geeignete Gründüngungspflanzen lässt sich die Gefahr, dass sich familientypische Schädlinge oder Krankheiten verbreiten, abmildern. Hierbei können insbesondere Gründüngungspflanzen wie Phazelia und Buchweizen, die jeweils zu einer Pflanzenfamilie ohne weitere Nutzpflanzen zählen, hilfreich sein: Denn auch Gemüsepflanzen und Gründüngungspflanzen aus derselben Familie sollte man zeitlich nicht direkt hintereinander anbauen. So sät man die Gründüngungspflanzen Ölrettich, Senf und Raps besser nicht vor und nach Kohlpflanzen, weil sie ebenso zur Familie der Kreuzblütler (Kohlgewächse) gehören. Erbsen und Bohnen werden nicht in direkter Folge von Schmetterlingsblütlern (Leguminosen) wie Esparsette oder Wicken angebaut. Auch alle Kleearten sollten nicht zu oft hintereinander gesät werden, weil ihre Wurzeln schädliche Stoffe absondern, die bei Neuaussaat die Keimung neuer Kleesamen verhindern können.

Egal, ob man eine Fruchtfolge bewusst unterbrechen oder einen anderen Vorteil der Gründüngung nutzen möchte, ist es also wichtig, bei der Auswahl geeigneter Gründüngungspflanzen auch die Vorkulturen und Nachkulturen im Beet zu berücksichtigen.

Blühende Gründüngungspflanzen beleben den Garten, weil sie Insekten anlocken. Ihre Blüten sind vor allem in der blütenarmen Zeit im Herbst wichtige Quellen für Nektar und Pollen. Doch sollten die Gründüngungspflanzen möglichst keinen Samen ansetzen, damit sie nicht zum Unkraut werden.

Möchte man ein mit Gründüngungspflanzen besetztes Beet räumen, mäht man den Bewuchs einfach oberirdisch ab. Niedrigen Aufwuchs kann man mit dem Rasenmäher abschneiden und auf dem Beet liegen lassen. Längere Stängel muss man zerkleinern. Das Wurzelwerk bleibt im Boden. Die verrottenden Wurzeln hinterlassen Hohlräume und Kanäle, in denen sich anschließend Regenwürmer bewegen können. Frostempfindliche Gründüngungspflanzen frieren im Spätherbst zurück. Sie bilden eine schützende Bodenauflage, die bis zum Frühjahr liegen bleiben kann. Winterharte Pflanzenarten bleiben während der Wintermonate grün und halten die Fläche bedeckt. Abgestorbene oder angewelkte Gründüngungsmasse darf man nur flach mit der obersten Bodenschicht vermischen. Gräbt man sie tief ein, besteht die Gefahr von Fäulnis.

Je nach gewünschtem Ziel stehen geeignete Gründungspflanzen zur Wahl. Soll die Gründüngung dem Boden zusätzliche Nährstoffe zuführen, wählt man am besten Pflanzen aus der Familie der Schmetterlingsblütler. In ihren Wurzelknöllchen leben Bakterien, die Stickstoff aus der Luft aufnehmen und binden. Für die Verbesserung von verdichtetem Boden kommen Pflanzen mit tief eindringenden Pfahlwurzeln in Frage: Ackerbohne, Weißer Steinklee, Gelbsenf, Lupine, Luzerne, Ölrettich, Perserklee, Puffbohne, Sonnenblume, Steinklee, Winterraps oder das Landsberger Gemenge. Für eine kurzzeitige Lücke im Staudenbeet oder Gemüsebeet eignet sich rasch wachsender Senf besonders gut. Um den Boden zwischen anderen Pflanzen bedeckt zu halten, können Untersaaten geeigneter Gründüngungspflanzen zum Einsatz kommen. Dies nennt man auch »Lebendmulch«. So kann man zum Beispiel Weißklee oder Erdklee unter Tomaten oder Rosenkohl säen. Auch niedrige essbare Kulturen wie Spinat oder Feldsalat eignen sich gut dafür.

Neben den einzelnen Pflanzenarten bietet der Samenhandel auch bewährte Mischungen von Gründüngungspflanzen in Portionspackungen an. Auch für den Privatgarten eignet sich zum Beispiel das in der Landwirtschaft bewährte »Landsberger Gemenge« aus 50 % Inkarnatklee, 30 % Zottelwicken und 20 % Weidelgras (Raygras). Es wird ab Frühjahr gesät und eignet sich für nahezu alle Bodenarten. Diese Gründüngung reichert den Boden mit Stickstoff an und lockert ihn. Sollen die Pflanzen das Beet lediglich während des Winters bedecken, genügt es, im August zu säen.

Die Lupine dringt mit ihrer Pfahlwurzel tief in den Boden ein und erschließt dadurch Bodenschichten im Untergrund.

Pflanzen für die Gründüngung

<table>
<tr><td colspan="2">Ackerbohne (Vicia faba var. minuta)
Pflanzenfamilie: Schmetterlingsblütler</td></tr>
<tr><td>Aussaattermin:
Februar bis April
Saatmenge: 20 g / m²</td><td>Eigenschaften: Knöllchenbakterien an den Wurzeln reichern Stickstoff aus der Luft an. Wurzelt sehr tief. Geeignet für trockene und schwere Böden. Durch die frühe Aussaat mögliche Vorkultur für Gurken und Tomaten.</td></tr>
<tr><td colspan="2">Alexandrinerklee (Trifolium alexandrinum)
Pflanzenfamilie: Schmetterlingsblütler</td></tr>
<tr><td>Aussaattermin:
Mai bis Ende Juli
Saatmenge: 2 bis 4 g / m²</td><td>Eigenschaften: Knöllchenbakterien an den Wurzeln reichern Stickstoff aus der Luft an. Braucht für die Anfangsentwicklung Wärme und genügend Bodenfeuchtigkeit.</td></tr>
<tr><td colspan="2">Buchweizen (Fagopyrum esculentum)
Pflanzenfamilie: Knöterichgewächse</td></tr>
<tr><td>Aussaattermin:
April bis August
Saatmenge: 10 bis 15 g / m²</td><td>Eigenschaften: Wärmeliebende traditionelle Kulturpflanze. Wächst rasch. Die hohlen Stängel durchlüften den Boden. Auch für leichte, trockene Böden geeignet. Die rötlich weißen Blüten ergeben eine gute Bienenweide.</td></tr>
<tr><td colspan="2">Erdklee (Trifolium subterraneum)
Pflanzenfamilie: Schmetterlingsblütler</td></tr>
<tr><td>Aussaattermin:
Mai bis August
Saatmenge: 6 bis 10 g / m²</td><td>Eigenschaften: Knöllchenbakterien an den Wurzeln reichern Stickstoff aus der Luft an. Die Fruchtstände graben sich bei der Reife in den Boden ein. Dieser niedrig wachsende Klee bietet sich für Untersaaten und Zwischensaaten an.</td></tr>
<tr><td colspan="2">Esparsette (Onobrychis viciifolia)
Pflanzenfamilie: Schmetterlingsblütler</td></tr>
<tr><td>Aussaattermin:
Mai bis August
Saatmenge: 25 bis 30 g / m²</td><td>Eigenschaften: Knöllchenbakterien an den Wurzeln reichern Stickstoff aus der Luft an. Für warme, kalkhaltige Lehmböden gut geeignet. Empfindlich gegen Nässe. Winterhart.</td></tr>
</table>

Feldsalat *(Valerianella locusta)* Pflanzenfamilie: Baldriangewächse	
Aussaattermin: Februar bis Mai, September bis Oktober Saatmenge: 5 g / m²	Eigenschaften: Gemüse für die Küche. Liebt frische Böden. Durchwurzelt die Bodenoberfläche sehr intensiv. Hinterlässt feinkrümelige Erde. Winterhart, gut geeignet für die Bedeckung während der Wintermonate.
Futtererbse *(Pisum sativum* subsp. *sativum)* Pflanzenfamilie: Schmetterlingsblütler	
Aussaattermin: März bis April Saatmenge: 20 bis 30 g / m²	Eigenschaften: Knöllchenbakterien an den Wurzeln reichern Stickstoff aus der Luft an.
Gelbsenf, Weißer Senf *(Sinapis alba)* Pflanzenfamilie: Kreuzblütler	
Aussaattermin: Mai bis September Saatmenge: 5 g / m²	Eigenschaften: Keimt und wächst sehr rasch, wurzelt tief. Junge Blätter geeignet als Salatzutat.
Inkarnatklee *(Trifolium incarnatum)* Pflanzenfamilie: Schmetterlingsblütler	
Aussaattermin: Juli bis September Saatmenge: 3 bis 6 g / m²	Eigenschaften: Knöllchenbakterien an den Wurzeln reichern Stickstoff aus der Luft an. Unterdrückt unerwünschten Aufwuchs. Winterhart.
Lein *(Linum usitatissimum)* Pflanzenfamilie: Leingewächse	
Aussaattermin: April bis Juli Saatmenge: 3 bis 4 g / m²	Eigenschaften: Lockert den Boden. Trägt hübsche hellblaue Blüten.
Lupine, Schmalblättrige *(Lupinus angustifolius)* und **Gelbe** *(Lupinus luteus)* Pflanzenfamilie: Schmetterlingsblütler	
Aussaattermin: April bis September Saatmenge: 20 bis 30 g / m²	Eigenschaften: Knöllchenbakterien an den Wurzeln reichern Stickstoff aus der Luft an. Wurzelt sehr tief. Schmalblättrige Lupine (mit blauen Blüten) gedeiht auch auf mittelschweren Böden, verträgt Trockenheit. Gelbe Lupine benötigt mehr Wärme, eignet sich für nährstoffarme Böden. Die Samen bitterstoffarmer Sorten eignen sich als Tierfutter und für die menschliche Ernährung.

<table>
<tr><td colspan="2">Luzerne, Alfalfa (Medicago sativa)
Pflanzenfamilie: Schmetterlingsblütler</td></tr>
<tr><td>Aussaattermin:
Mai bis August
Saatmenge: 5 g / m^2</td><td>Eigenschaften: Knöllchenbakterien an den Wurzeln reichern Stickstoff aus der Luft an. Für kalkhaltige Böden geeignet. Verbessert schwere, verdichtete, kranke Böden in zwei bis drei Jahren.</td></tr>
<tr><td colspan="2">Ölrettich (Raphanus sativus var. oleiformis)
Pflanzenfamilie: Kreuzblütler</td></tr>
<tr><td>Aussaattermin:
April bis September
Saatmenge: 5 g / m^2</td><td>Eigenschaften: Wurzelt tief.
Unterdrückt Wildkräuter, auch Quecke.</td></tr>
<tr><td colspan="2">Perserklee (Trifolium resupinatum)
Pflanzenfamilie: Schmetterlingsblütler</td></tr>
<tr><td>Aussaattermin:
Mai bis Ende Juli
Saatmenge: 5 bis 10 g / m^2</td><td>Eigenschaften: Knöllchenbakterien an den Wurzeln reichern Stickstoff aus der Luft an. Wächst auch auf mageren, sandigen Böden. Schließt rasch den Bestand. Vergrämt um Kohl und Rettich herum die Kohlfliege und den Kohlweißling.</td></tr>
<tr><td colspan="2">Phazelia, Bienenfreund (Phacelia tanacetifolia)
Pflanzenfamilie: Wasserblattgewächse</td></tr>
<tr><td>Aussaattermin:
Mai bis August
Saatmenge: 3 bis 5 g / m^2</td><td>Eigenschaften: Stickstoffsammler, reichert Stickstoff aus der Luft an. Anspruchslos, verträgt auch Trockenheit. Flachwurzler mit vielen feinen Wurzeln. Wächst rasch. Liefert viel Grünmasse. Die hübschen lilafarbenen Blüten sind eine hervorragende Bienenweide.</td></tr>
<tr><td colspan="2">Platterbse (Lathyrus sativus)
Pflanzenfamilie: Schmetterlingsblütler</td></tr>
<tr><td>Aussaattermin:
April bis August
Saatmenge: 5 bis 10 g / m^2</td><td>Eigenschaften: Knöllchenbakterien an den Wurzeln reichern Stickstoff aus der Luft an. Für leichte bis mittelschwere Böden geeignet, verträgt auch Trockenheit. Bleibt niedrig.</td></tr>
<tr><td colspan="2">Ringelblume (Calendula officinalis)
Pflanzenfamilie: Korbblütler</td></tr>
<tr><td>Aussaattermin:
Mai bis Juni
Saatmenge: 5 g / m^2</td><td>Eigenschaften: Teepflanze und Heilpflanze. Wirkt schwach gegen Nematoden. Schmückt mit gelben und orangefarbenen Blütenkörbchen.</td></tr>
</table>

Serradella *(Ornithopus sativus)* Pflanzenfamilie: Schmetterlingsblütler	
Aussaattermin: Mai bis August Saatmenge: 5 bis 10 g / m^2	Eigenschaften: Knöllchenbakterien an den Wurzeln reichern Stickstoff aus der Luft an. Stellt geringe Ansprüche an den Boden. Eiweißreiche Futterpflanze. Winterhart.
Sommerwicke, Futterwicke *(Vicia sativa)* Pflanzenfamilie: Schmetterlingsblütler	
Aussaattermin: Mai bis September Saatmenge: 20 bis 30 g / m^2	Eigenschaften: Knöllchenbakterien an den Wurzeln reichern Stickstoff aus der Luft an. Stellt geringe Ansprüche an den Boden. Raschwüchsig. Unterdrückt unerwünschten Aufwuchs durch Entwicklung von viel Grünmasse.
Sonnenblume *(Helianthus annuus)* Pflanzenfamilie: Korbblütler	
Aussaattermin: April bis August Saatmenge: 5 g / m^2	Eigenschaften: Wurzelt tief, liefert viel Grünmasse. Lockert den Boden tief. Dekorative Blüten. Anfangs vor Schnecken schützen.
Spinat *(Spinacia oleracea)* Pflanzenfamilie: Gänsefußgewächse	
Aussaattermin: Februar bis Mai, Juli bis September Saatmenge: 5 g / m^2	Eigenschaften: Gemüse für die Küche. Wächst rasch. Winterhart.
Steinklee, Weißer *(Melilotus albus)* und **Gelber** *(Melilotus officinalis)* Pflanzenfamilie: Schmetterlingsblütler	
Aussaattermin: Mai bis September Saatmenge: 5 bis 10 g / m^2	Eigenschaften: Knöllchenbakterien an den Wurzeln reichern Stickstoff aus der Luft an. Kräftige Wurzeln dringen tief in den Boden ein. Benötigt wenig Wasser, durchlüftet den Boden. Blüht im zweiten Jahr. Vergrämt um Kohl herum die Kohlfliege und den Kohlweißling.
Studentenblume *(Tagetes patula* und andere *Tagetes*-Arten) Pflanzenfamilie: Korbblütler	
Aussaattermin: April bis Mai Saatmenge: 5 bis 10 g / m^2	Eigenschaften: Wehrt nach vier Monaten Standzeit Nematoden im Wurzelbereich ab. Dekorative gelbe oder orangefarbene Blüten. Braucht Schutz vor Schnecken.

Tatarischer Buchweizen *(Fagopyrum tataricum)* Pflanzenfamilie: Knöterichgewächse	
Aussaattermin: April bis August Saatmenge: 10 bis 15 g / m²	Eigenschaften: Wird bei günstigen Bedingungen bis zu 2 m hoch. Der bis in den Blütenstand beblätterte Stängel bildet viel Grünmasse.
Weißklee *(Trifolium repens)* Pflanzenfamilie: Schmetterlingsblütler	
Aussaattermin: ab März Saatmenge: 3 bis 6 g / m²	Eigenschaften: Knöllchenbakterien an den Wurzeln reichern Stickstoff aus der Luft an. Anspruchslos. Durchwurzelt die oberste Bodenschicht intensiv. Der niedrig wachsende Klee eignet sich für Untersaaten und Zwischensaaten. Winterhart.
Winterraps *(Brassica napus)* Pflanzenfamilie: Kreuzblütler	
Aussaattermin: August bis September Saatmenge: 5 g / m²	Eigenschaften: Gut geeignet für leichte Böden. Bienenweide. Winterhart.
Winterroggen *(Secale cereale)* Pflanzenfamilie: Süßgräser	
Aussaattermin: August bis Oktober Saatmenge: 15 bis 20 g / m²	Eigenschaften: Durchwurzelt den Boden besonders gut, hinterlässt feinkrümeligen Boden. Verträgt keine Trockenheit. Unterdrückt die Keimung anderer Pflanzen. Winterhart.
Winterwicke *(Vicia villosa)* Pflanzenfamilie: Schmetterlingsblütler	
Aussaattermin: August bis September Saatmenge: 15 bis 20 g / m²	Eigenschaften: Knöllchenbakterien an den Wurzeln reichern Stickstoff aus der Luft an. Große Wurzelmasse. Nicht geeignet für schwere Böden. Winterhart, gute Wintergründüngung mit Roggen und Weizen.
Zottelwicke *(Vicia villosa* subsp. *villosa)* Pflanzenfamilie: Schmetterlingsblütler	
Aussaattermin: August bis September Saatmenge: 15 bis 20 g / m²	Eigenschaften: Knöllchenbakterien an den Wurzeln reichern Stickstoff aus der Luft an. Einjährige winterharte Pflanze.

Mulchen mit organischen Materialien

Mulchen mit organischen Materialien ist eine Form der Flächenkompostierung und trägt wie Gründüngung dazu bei, den Boden mit organischer Substanz anzureichern. Für die Mulchdecke eignen sich zum Beispiel angewelkter Grasschnitt, klein geschnittene Gründüngungspflanzen, Falllaub, Häckselgut, Ernterückstände, samenlose Unkräuter oder frischer, wenige Monate alter Kompost. Neben organischen Materialien können beim Mulchen auch anorganische Materialien wie Lavagrus oder Feinkies sowie künstliche Materialien wie Pappe, Papier, Folie oder Vlies zum Einsatz kommen. Eine Mulchdecke hält Feuchtigkeit im Boden zurück und verringert dadurch dessen Austrocknung. Mit Mulch bleibt der Boden einige Grad wärmer als ohne Bedeckung, zudem werden Temperaturschwankungen ausgeglichen. Eine Mulchdecke verhindert das Abschwemmen von Erde bei Regen, also Erosion, und sie kann das Wachstum unerwünschter Pflanzen unterdrücken. Organischer Mulch, der mit der Zeit verrottet, dient als Nahrungsgrundlage für Bodenorganismen, die aus ihm ihrerseits pflanzenverfügbare Nährstoffe freisetzen. Auch Mulch aus Kompost führt dem Boden Nährstoffe zu. Mulchen kann die Struktur eines Bodens so verbessern, dass er sich von Jahr zu Jahr leichter bearbeiten lässt. Auf diese Weise gleicht organischer Mulch ungünstige Bodeneigenschaften aus: In sandigen Böden erhöht sich die Wasserhaltefähigkeit und der Nährstoffgehalt, schwere, lehmige Böden werden besser durchlüftet.

Strohmulch unter Erdbeerpflanzen verhindert, dass die Früchte verschmutzen, Grauschimmel wird verhindert, Schnecken haben weniger leicht Zugang.

Vor dem Aufbringen der organischen Mulchmaterialien sollte der Boden oberflächlich, etwa mit einer Ziehhacke, aufgelockert werden. Die Mulchschicht muss einige Zentimeter dick – durchschnittlich 5 bis 8 cm – sein. Bei schweren Böden fällt sie dünner aus, damit es bei Nässe nicht zu Fäulnis kommt. Dient frischer, wenige Monate alter Kompost als Mulch, wird die Schicht nur etwa 2 cm dick aufgebracht. Für den Winter darf die Mulchschicht auf leichten, sandigen Böden 10 cm dick sein, auf schweren Böden ist dagegen eine Stärke von 5 bis 8 cm angebracht. Unter der Mulchdecke friert der Boden weniger stark durch, die Bodenlebewesen bleiben aktiv. Dadurch erhält man unter dem zusammengefallenen Mulch im Frühjahr eine lockere, leicht bearbeitbare Erde. Im März jedoch sollte die Mulchdecke entfernt werden, sie würde die Erwärmung des Bodens verlangsamen.

Zum Mulchen von Baumscheiben eignet sich das Laub von Eichen oder Walnussbäumen gut, das im Kompost ohnehin schlecht verrottet. Da es hohe Anteile an Gerbsäure enthält, unterdrückt es den Aufwuchs von Unkraut rund um den Baum (siehe auch Seite 142).

Die Autorin

Agnes Pahler hat Gartenbauwissenschaften an der TU München-Weihenstephan studiert. Nach einem Volontariat und anschließender wissenschaftlicher Tätigkeit in der Bodenkunde war sie als Lektorin für Gartenbücher tätig. Sie ist freiberuflich tätig als Autorin, Lektorin und Übersetzerin. Bei der »Südwestpresse« in Ulm berät sie Hobbygärtner, die Fragen zum eigenen Garten haben.

Agnes Pahler lebt mit ihrer Familie südlich von Stuttgart und unterhält einen naturnahen Garten mit vielen Beerensträuchern, heimischen Gehölzen und jeder Menge Vögeln, Insekten, Blindschleichen … Durch konsequente Kompostwirtschaft konnte sie den klumpigen, schweren Lehmboden ihres Gartens deutlich verbessern.

Anhang

Literatur

Anton Amberger: Pflanzenernährung.
UTB, Verlag Eugen Ulmer, Stuttgart 1988, 3. Auflage.

Walter Buch: Gartenböden. Verlag Eugen Ulmer, Stuttgart 1989.

Dettmer Grünefeld: Das Mulchbuch.
pala-verlag, Darmstadt 2019, 4. Auflage.

Peter Fischer, Martin Jauch:
Leitfaden für die Kompostierung im Garten.
Staatliche Forschungsanstalt für Gartenbau Weihenstephan, 1999.

Natalie Faßmann: Auf gute Nachbarschaft – Mischkultur im Garten.
pala-verlag, Darmstadt 2021, 7. Auflage.

H & K aktuell. Bundesgütegemeinschaft Kompost, Köln,
Heft 6, 2006, Seite 7; Heft 10, 2009, Seite 4 – 6.

Magda Haase: Mischkultur, Hügelbeet, Hochbeet.
Verlag Eugen Ulmer, Stuttgart 1988.

Dirk Henssen, Michael Schneider: Regelungen der deutschen Landesabfallgesetze zur Erfassung und Verwertung organischer Abfälle.
Sonderdruck. Mülle und Abfall, 3, 2008, S. 137 – 142.

Krafft von Heynitz: Kompost im Garten.
Verlag Eugen Ulmer, Stuttgart 1988, 3. Auflage.

Ralf Klinger: Regenwürmer – Helfer im Garten.
pala-verlag, Darmstadt 2010.

Herbert Kuntze, Günter Roeschmann, Georg Schwerdtfeger: Bodenkunde.
UTB, Verlag Eugen Ulmer, Stuttgart 1988, 3. Auflage.

Ulrike Lindner: Der Hausgarten biologisch.
Verlag Eugen Ulmer, Stuttgart 1991.

Annemarie Müller-Kopp: Die Rotte. In: H.-Ch. Angele: Ratgeber rund um die Grüngutverwertung in Städten und Gemeinden. Kompostforum Schweiz, 2004.

Ortenauer Kompostfibel. Landratsamt Ortenaukreis.
Eigenverlag, Offenburg 2011.

Christel Rupp: Gemüse aus dem Garten.
Verlag Eugen Ulmer, Stuttgart 2008.

Paul Seitz: Das Kompostbuch für jedermann.
Franckh-Kosmos Verlags-GmbH & Co., Stuttgart 1990.

Stadt Ehingen: Kompostfibel. Selbstverlag, o. J.

Peter Sitte et al.: Lehrbuch der Botanik für Hochschulen.
Begründet von E. Strasburger, Spektrum Akademischer Verlag, Heidelberg, Berlin 2002, 35. Auflage.

Robert Sulzberger: Kompost, Erde, Düngung.
BLV Verlagsgesellschaft, München, Wien, Zürich 2003.

Bezugsquellen

Benediktinerinnenabtei zur Heiligen Maria
Nonnengasse 16
36037 Fulda
www.abtei-fulda.de
Humofix

Forschungsring e. V.
Brandschneise 5
64295 Darmstadt
www.forschungsring.de
Kompostpräparate

Die Präparatekiste Simon Steiner
Rackersberg 7
23730 Neustadt in Holstein
www.praeparatekiste.de

natursache.de
Eichamtstraße 1
14776 Brandenburg an der Havel
www.natursache.de
Kompostwürmer, Wurmkomposter, Wurmkompost

Wurmwelten.de
Jasper Rimpau
Warteweg 50
37627 Stadtoldendorf
www.wurmwelten.de
Kompostwürmer, Wurmkomposter, Bokashi-Eimer

MikroVeda GmbH
Gut Neuenhof
Im Kuckucksfeld 1
47624 Kevelaer-Twisteden
www.mikroveda.de
Effektive Mikroorganismen und Zubehör

W. Neudorff GmbH KG
An der Mühle 3
31860 Emmerthal
www.neudorff.de
Kompostwürmer, Kompostbeschleuniger, Thermokomposter, Zuschlagsstoffe

Keller GmbH & Co. KG
Konradstraße 17
79100 Freiburg
www.biokeller.de
Kompostbeschleuniger,
Kompostpräparate,
Kompostwürmer,
Pflanzenpflegemittel

Bioland Hof Jeebel
Biogartenversand OHG
Jeebel 17
29410 Salzwedel OT Jeebel
www.biogartenversand.de
Kompostbehälter,
Komposthilfsmittel,
Zuschlagsstoffe

Manufactum GmbH & Co. KG
Hiberniastraße 5
45731 Waltrop
www.manufactum.de
Kompostbehälter,
Komposteimer,
Kompostwürmer

Green-Practice-Systems e.U.
Rechbauerstraße 23
8010 Graz
www.komposter.com
Kompostbehälter,
Wurmkomposter

Waschbär GmbH
Wöhlerstraße 4
79108 Freiburg
www.waschbaer.de
Kompostbehälter,
Kompostbeutel

Brigitte Kleinod
und Friedhelm Strickler:
Schön wild!
ISBN: 978-3-89566-367-3

Ulrike Aufderheide:
Tiere pflanzen
ISBN: 978-3-89566-388-8

Dettmer Grünefeld:
Das Mulchbuch
ISBN: 978-3-89566-218-8

Natalie Faßmann:
Auf gute Nachbarschaft
ISBN: 978-3-89566-257-7

Natalie Faßmann:
Das Indianerbeet
ISBN: 978-3-89566-351-2

Andrea Preißler-Abou El Fadil:
Gärtnern nach dem Terra-Preta-Prinzip
ISBN: 978-3-89566-376-5

Graham Bell:
Der Permakultur-Garten
ISBN: 978-3-89566-196-9

Masanobu Fukuoka:
Der Große Weg hat kein Tor
ISBN: 978-3-89566-206-5

Gesamtverzeichnis bei:
pala-verlag, Am Molkenbrunnen 4, 64287 Darmstadt, www.pala-verlag.de

ISBN: 978-3-89566-315-4

4. Auflage 2021
Am Molkenbrunnen 4, 64287 Darmstadt
www.pala-verlag.de

Umschlag- und Innenillustrationen: Margret Schneevoigt

Lektorat: Angelika Eckstein

Satz und Gestaltung: Die Werkstatt Medien-Produktion GmbH
www.werkstatt-verlag.de

Druck und Bindung:
Beltz Grafische Betriebe GmbH, Bad Langensalza
www. beltz-grafische-betriebe.de
Printed in Germany

Gedruckt auf
100% Recyclingpapier